PLC
电气工程师培训教程：
西门子PLC编程

向晓汉　等 编著

化学工业出版社

·北京·

内容简介

本书从基础和实用出发，全面系统介绍了西门子 S7-1200/1500 PLC 编程及应用技术。内容具体为西门子 S7-1200/1500 PLC 的硬件与接线、TIA Portal 软件的使用、常用指令及其编程、S7-1200 PLC 的工艺功能、S7-200/1500 PLC 在运动控制中的应用、S7-1200/1500 PLC 的通信和工程应用等。

本书共 9 章，一共 64 个主题（任务），每个主题一讲，每一讲配一个视频，视频和纸质书籍完全配套，融为一体。

本书可供电工、自动化、机械等领域从业者使用，满足工控岗位技术人员的学习诉求，也可供其他期望进修、转行至自动化行业的人员参考。

图书在版编目（CIP）数据

PLC电气工程师培训教程 ： 西门子PLC编程/向晓汉
等编著. --北京 ： 化学工业出版社，2024.6
ISBN 978-7-122-44965-8

Ⅰ.①P⋯ Ⅱ.①向⋯ Ⅲ.①PLC技术—程序设计—技
术培训—教材 Ⅳ.①TM571.61

中国国家版本馆CIP数据核字（2024）第091219号

责任编辑：李佳伶 刘丽宏 李军亮 　　　　　装帧设计：关 飞
责任校对：王 静

出版发行：化学工业出版社（北京市东城区青年湖南街13号 邮政编码100011）
印 装：北京天宇星印刷厂
710mm×1000mm 1/16 印张9½ 字数168千字 2025年8月北京第1版第1次印刷

购书咨询：010-64518888 　　　　　　　　售后服务：010-64518899
网 址：http://www.cip.com.cn

定 价：199.00元 　　　　　　　　　　　　　　版权所有 违者必究

前 言

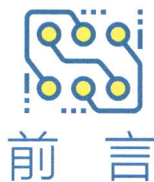

随着计算机技术的发展，以可编程序控制器、变频器调速、计算机通信和组态软件等技术为主体的新型电气控制系统已经逐渐取代传统的继电器电气控制系统，并广泛应用于各行业。德国的西门子（SIEMENS）公司是欧洲最大的电子和电气设备制造商，生产的 SIMATIC（西门子自动化）可编程序控制器在欧洲处于领先地位。西门子 PLC 具有的卓越的性能，因此在工控市场占有非常大的份额，应用十分广泛。S7-1200PLC 和 S7-1500PLC 分别是西门子公司 2009 年和 2012 年推出的功能较强的 PLC，除了包含许多创新技术外，还设定了新标准，极大地提高了工程效率。

S7-1200/1500 PLC 技术相对比较复杂，要想入门并熟练掌握 PLC 应用技术，对读者来说相对比较困难。为帮助读者系统掌握 S7-1200/1500 PLC 编程及实际应用，我们在总结长期的教学经验和工程实践的基础上，联合相关企业人员，共同编写了本书，并出版视频一套，共 64 讲。

传统的纸质书籍和纯教学视频都有各自的优缺点，不能相互取代，为了充分发挥纸质书籍和教学视频各自的优势，将两者有机结合势在必行。**本书共 9 章，一共 64 个主题（任务），每个主题一讲，每一讲配一个视频，视频和纸质书籍完全配套，融为一体。**

本书由无锡职业技术学院向晓汉等编著，书中，第 1、2、3、5、6、8 章由向晓汉编写，第 4、7 章由郭浩编写，第 9 章由无锡雪浪环境科技有限公司宋昕高级工程师编写。全书由向晓汉统审，由无锡职业技术学院奚茂龙主审。

由于编著者水平和时间有限，书中不足之处在所难免，敬请广大读者批评指正。

编著者

"码"上解锁

64讲精品视频课
扫码 免费 领取
与本书知识强联动

目 录

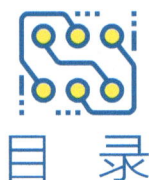

鼠"码"上解锁

64讲精品视频课
扫 码 免 费 领 取
与本书知识强联动

第1章

可编程序控制器（PLC）基础

本章介绍 PLC 的功能、特点、应用范围、在我国的使用情况、结构和工作原理等知识。还有 S7-1200/1500 PLC 常用模块和接线，这是学习本书后续内容的必要准备。

1.1　PLC 基础

第 1 讲
认识 PLC

第 2 讲
数制和编码

1.2　S7-1200 PLC 的硬件系统

这一部分介绍常用的 S7-1200 CPU 模块、数字量输入 / 输出模块、模拟量输入 / 输出模块、通信模块和电源模块的功能、接线与安装，该内容是后续程序设计和控制系统设计的前导知识。

第 3 讲
S7-1200 PLC 的体系与安装

第 4 讲
S7-1200 PLC 的 CPU 模块及接线

第 5 讲
S7-1200 PLC 数字量扩展模块及接线

第 6 讲
S7-1200 PLC 模拟量模块及其接线

1.3　S7-1500 PLC 的硬件与接线

这一部分介绍常用 S7-1500 的 CPU 模块、数字量输入 / 输出模块、模拟量

输入 / 输出模块、通信模块和电源模块的功能、接线与安装，该内容是后续程序设计和控制系统设计的前导知识。

第 2 章

TIA Portal（博途）软件及其使用

本章介绍 TIA 博途（Portal）软件的使用方法，并用两种方法，介绍使用 TIA Portal 软件编译一个简单程序完整过程的例子，这是学习本书后续内容必要的准备。

"码"上解锁

AI电气工程师

64 讲精品视频课

扫码 免费领取

与本书知识强联动

2.1 TIA Portal（博途）软件及其安装

第11讲

TIA Portal（博途）软件简介

2.2 TIA Portal（博途）软件及其使用

第12讲

用离线硬件组态法创建一个完整的 TIA Portal 项目

在博途视图中新建项目

新建博途项目的方法如下：

① **方法1**　打开 TIA Portal 软件，如图 2-2 所示，选中"启动"→"创建新项目"，在"项目名称"中输入新建的项目名称（本例为：MyFirstProject），单击"创建"按钮，完成新建项目。

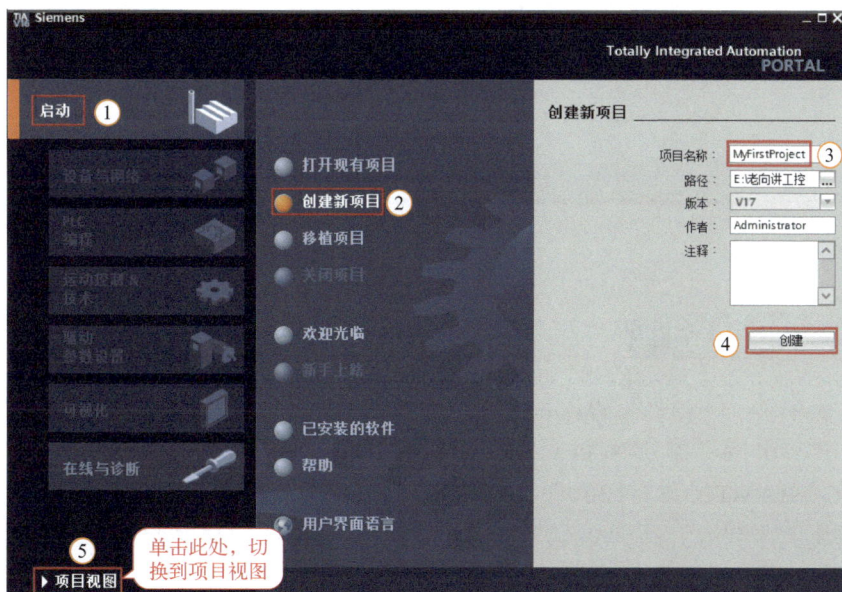

图 2-2　新建项目

② **方法 2** 如果 TIA Portal 软件处于打开状态，在项目视图中，选中菜单栏中"项目"，单击"新建"命令，如图 2-3 所示，弹出如图 2-4 所示的界面，在"项目名称"中输入新建的项目名称（本例为：MyFirstProject），单击"创建"按钮，完成新建项目。

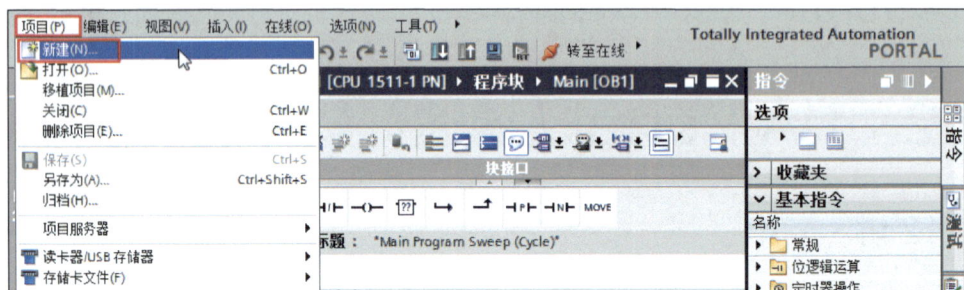

图 2-3 新建项目（1）

③ **方法 3** 如果 TIA Portal 软件处于打开状态，而且在项目视图中，单击工具栏中"新建"按钮，弹出如图 2-4 所示的界面，在"项目名称"中输入新建的项目名称（本例为：MyFirstProject），单击"创建"按钮，完成新建项目。

图 2-4 新建项目（2）

添加设备

硬件组态有两种方法，即在线组态和离线组态。先介绍离线组态，在图 2-5 中，双击"添加新设备"，弹出"添加新设备"对话框，选中"控制器"→"SIAMTIC S7-1200"→"6ES7 211-1HE40-0XB0"（项目中使用的 CPU 模块的序列号）→"V4.4"（项目中使用的 CPU 模块的版本号），单击"确定"按钮。

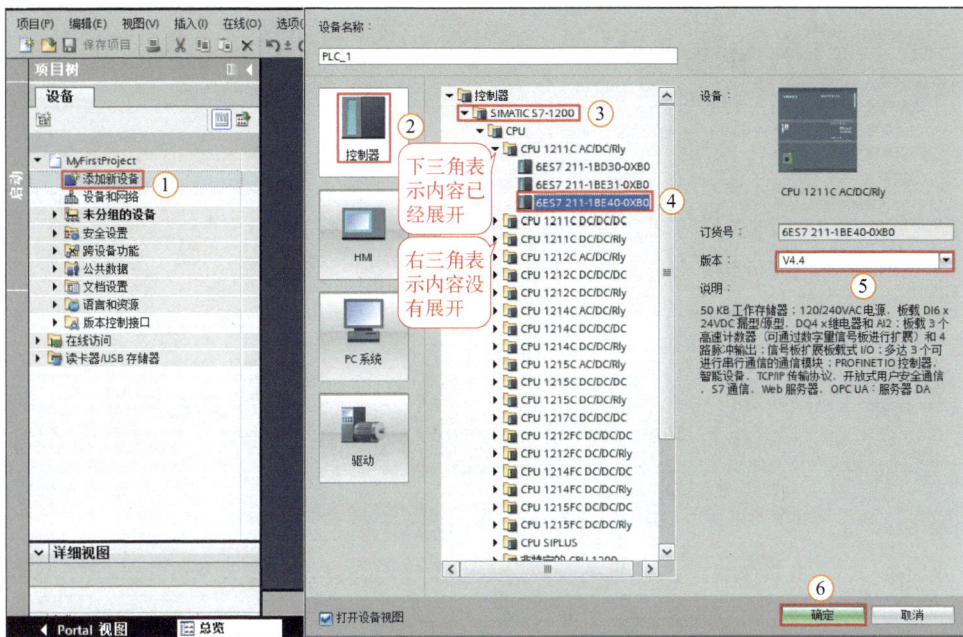

图 2-5 硬件组态

CPU 参数配置

　　单击机架中的 CPU，可以看到 TIA Portal 软件底部 CPU 的属性视图，在此可以配置 CPU 的各种参数，如 CPU 的启动特性、组织块（OB）以及存储区的设置等。以下主要以 CPU121C 为例介绍 CPU 的参数设置。本例的 CPU 参数全部可以采用默认值，不用设置，初学者可以跳过。

　　（1）常规

　　单击属性视图中的"常规"选项卡，在属性视图的右侧的常规界面中可见CPU 的项目信息、目录信息与标识和维护。用户可以浏览 CPU 的简单特性描述，也可以在"名称""注释"等空白处做提示性的标注。对于设备名称和位置标识符，用户可以用于识别设备和设备所处的位置，如图 2-6 所示。

　　（2）PROFINET 接口

　　PROFINET 接口中包含常规、以太网地址、时间同步、操作模式、高级选项、Web 服务器访问和硬件标识，以下介绍部分常用功能。

　　① 常规　在 PROFINET 接口选项卡中，单击"常规"选项，如图 2-7 所示，在属性视图右侧的常规界面中可见 PROFINET 接口的常规信息和目录信息。用户可在"名称""作者"和"注释"中做一些提示性的标注。

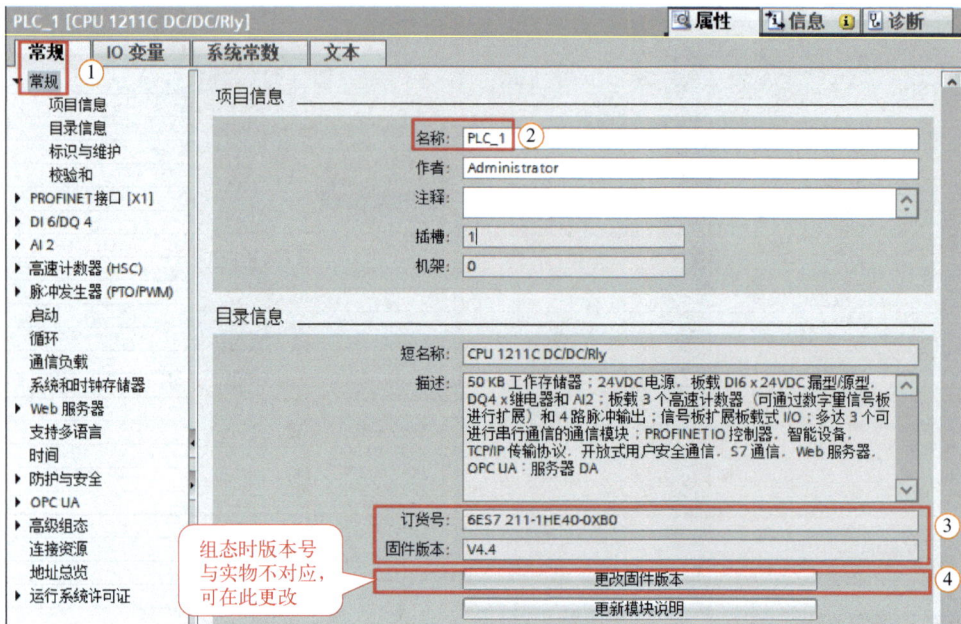

图 2-6　CPU 属性常规信息

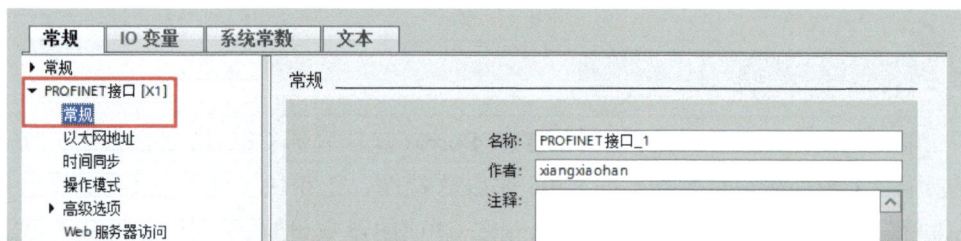

图 2-7　PROFINET 接口常规信息

② **以太网地址**　选中"以太网地址"选项卡，可以创建新网络，设置 IP 地址等，如图 2-8 所示。以下将说明"以太网地址"选项卡主要参数和功能。

（3）启动

单击"启动"选项，弹出"启动"参数设置界面，如图 2-9 所示。

CPU 的"上电后启动"有三个选项：未启动（仍处于 STOP 模式）、暖启动 - 断电源之前的操作模式、暖启动 -RUN。

"将组态预设为实际组态"有两个选项：即便不兼容仍然起动、仅兼容时起动。如选择第一个选项表示不管组态预设和实际组态是否一致，CPU 均启动。如选择第二项，则组态预设和实际组态一致，CPU 才启动。

（4）循环

"循环"标签页如图 2-10 所示，其中有两个参数：循环周期监视时间（即最大循环时间）、最小循环时间。如 CPU 的循环时间超出循环周期监视时间，CPU 将转入 STOP 模式。如循环时间小于最小循环时间，CPU 将处于等待状态，直到最小循环时间，然后再重新循环扫描。

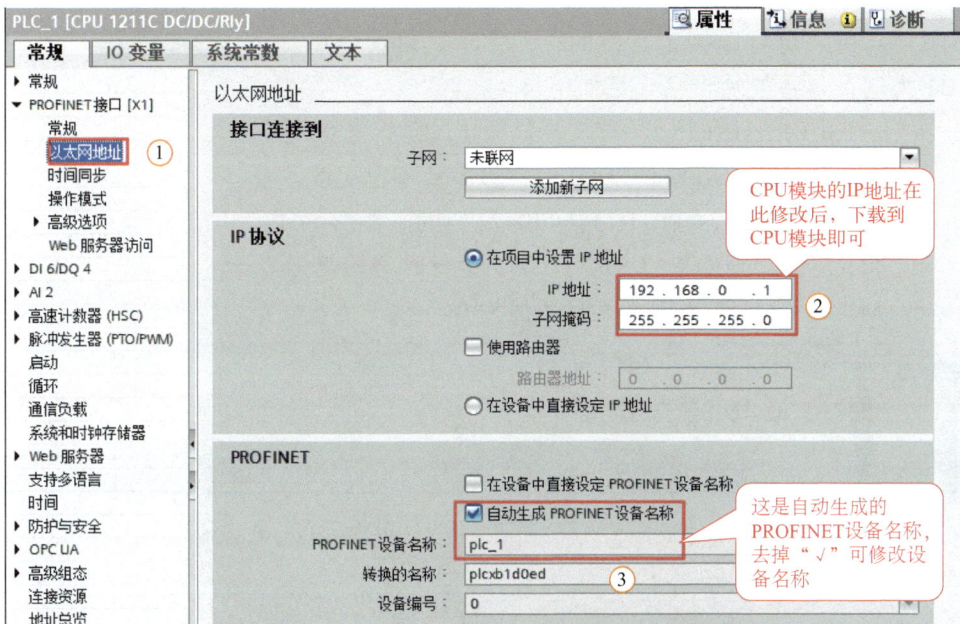

图 2-8　PROFINET 接口以太网地址信息

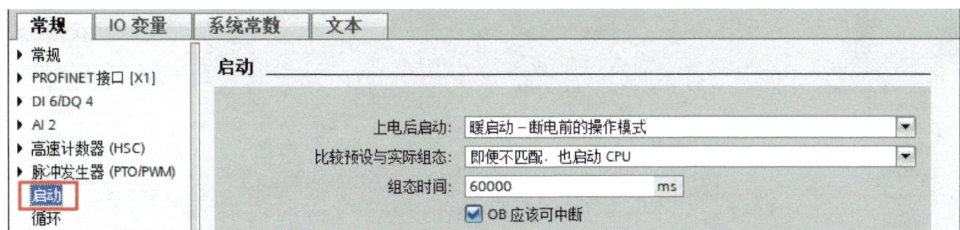

图 2-9　启动

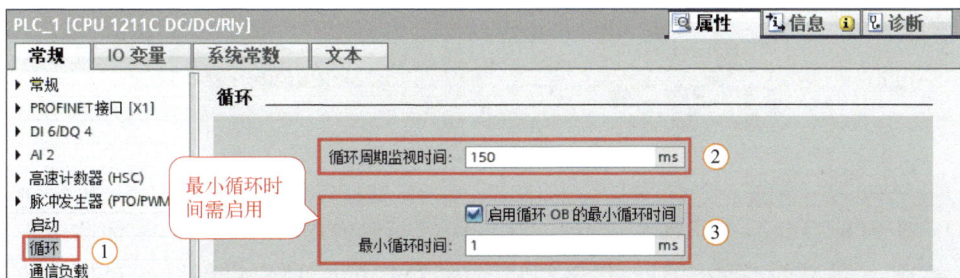

图 2-10　循环

（5）系统和时钟存储器

点击"系统和时钟存储器"标签，弹出如图 2-11 所示的界面。有两项参数，具体介绍如下：

① **系统存储位** 激活"系统存储字节"，系统默认为"1"，代表的字节为"MB1"，用户也可以指定其他的存储字节。目前只用到了该字节的前 4 位，以 MB1 为例，其各位的含义介绍如下：

a. M1.0（FirstScan）：首次扫描为 1，之后为 0。

b. M1.1（DiagStatus Update）：诊断状态已更改。

c. M1.2（Always TRUE）：CPU 运行时，始终为 1。

d. M1.3（Always FALSE）：CPU 运行时，始终为 0。

e. M1.4 ~ M1.7 未定义，且数值为 0。

> **注意** S7-300/400 没有此功能。

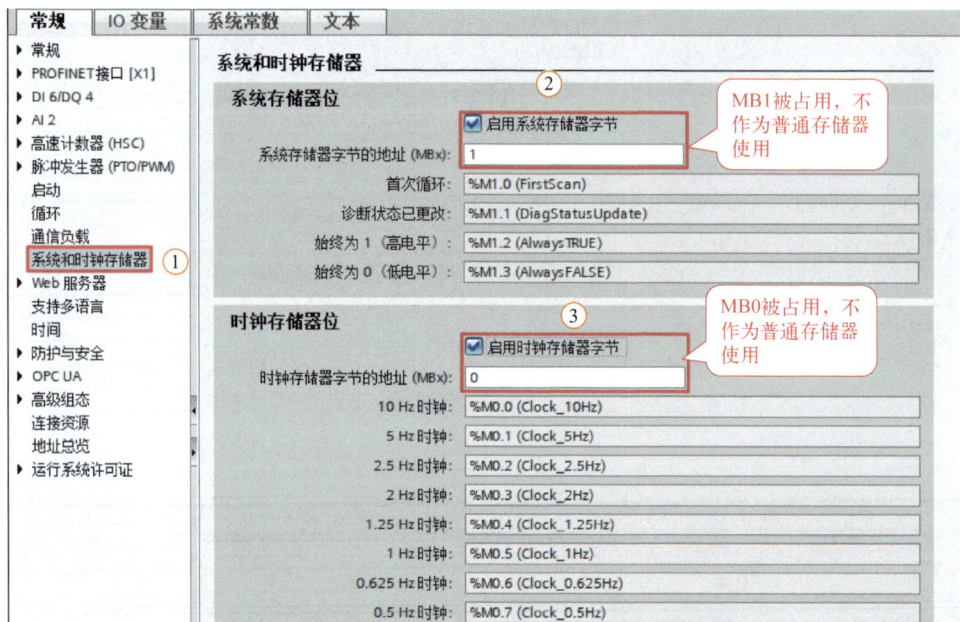

图 2-11 系统和始终存储器

② **时钟存储器** 时钟存储器是 CPU 内部集成的时钟存储器。激活"时钟存储字节"，系统默认为"0"，代表的字节为"MB0"，用户也可以指定其他的存储字节，其各位的含义见表 2-1。

表 2-1 时钟存储器

时钟存储器的位	7	6	5	4	3	2	1	0
频率 /Hz	0.5	0.625	1	1.25	2	2.5	5	10
周期 /s	2	1.6	1	0.8	0.5	0.4	0.2	0.1

> **注意** 以上功能是非常常用的，如果激活了以上功能，仍然不起作用，先检查是否有变量冲突，如无变量冲突，将硬件"完全重建"后再下载，一般可以解决。

I/O 参数的配置

S7-1200 模块的一些重要的参数是可以修改的，如数字量 I/O 和模拟量 I/O 的地址修改、诊断功能的激活和取消激活等。本例可以不做修改 I/O 参数的配置。

（1）数字量输入参数的配置

数字量输入参数是比较重要的，设置如图 2-12 所示，特别是在使用高速计算器时，需要修改滤波时间，一般默认的"输入滤波器"是 6.4ms，通常要修改成微秒级别，否则不能完成高速计数。

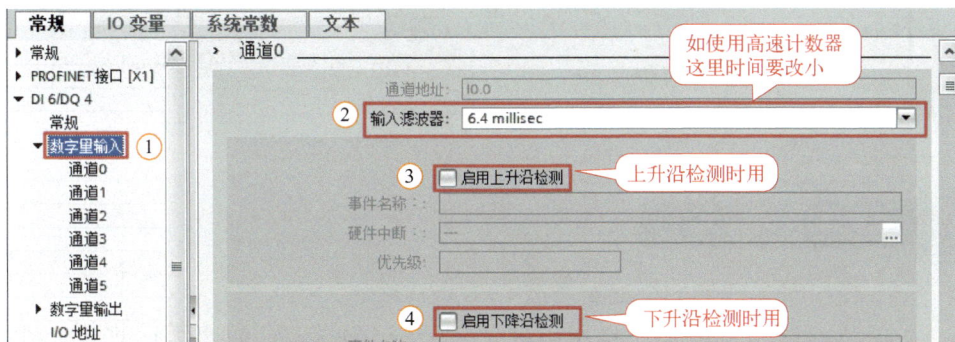

图 2-12 数字量输入参数

CPU 模块或在机架上插入数字量 I/O 模块时，系统自动为每个模块分配逻辑地址，删除和添加模块不会造成逻辑地址冲突。在工程实践中，修改模块地址是比较常见的操作，如编写程序时，程序的地址和模块地址不匹配，既可修改程序地址，也可以修改模块地址。修改数字量输入地址方法为：先选中 I/O 地址，在起始地址中输入希望修改的地址（如输入 10），单击键盘"回车"键即可，结束地址（10）是系统自动计算生成的，如图 2-13 所示。

如果输入的起始地址和系统有冲突，系统会弹出提示信息。

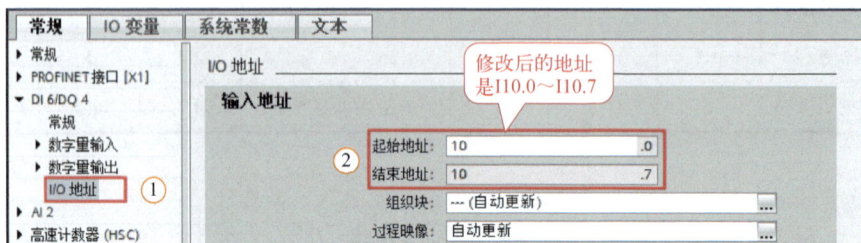

图 2-13　修改数字量输入的地址

（2）数字量输出参数的配置

在"输出参数"选项中，如图 2-14 所示，可选择"对 CPU STOP 模式的响应"为"保持上一个值"的含义是 CPU 处于 STOP 模式时，这个模块输出点输出不变，保持以前的状态；"使用替代值"含义是 CPU 处于 STOP 模式时，这个模块输出点状态替代为"1"。

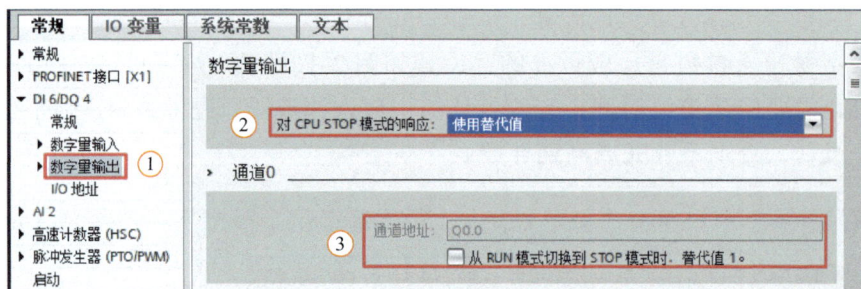

图 2-14　DO 参数

程序的输入

（1）将符号名称与地址变量关联

在项目视图中，选定项目树中的"显示所有变量"，如图 2-15 所示，在项目视图的右上方有一个表格，单击"添加"按钮，先在表格的"名称"栏中输入"Start"，在"地址"栏中输入"I0.0"，这样符号"Start"在寻址时，就代表"I0.0"。用同样的方法将"Stp"和"I0.1"关联，将"Motor"和"Q0.0"关联。

（2）打开主程序

双击项目树中"Main[OB1]"，打开主程序，如图 2-16 所示。

（3）输入触点和线圈

先把常用"工具栏"中的常开触点和线圈拖放到如图 2-16 所示的位置。用鼠标选中"双箭头"，按住鼠标左键不放，向上拖动鼠标，直到出现单箭头为止，松开鼠标。

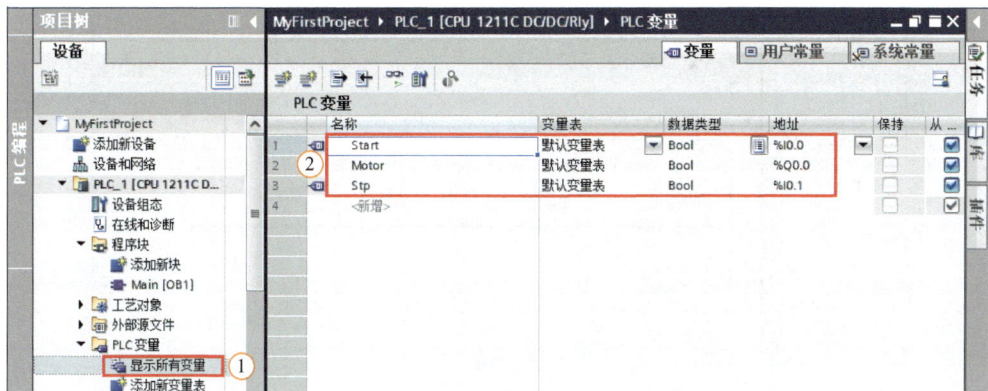

图 2-15　将符号名称与地址变量关联

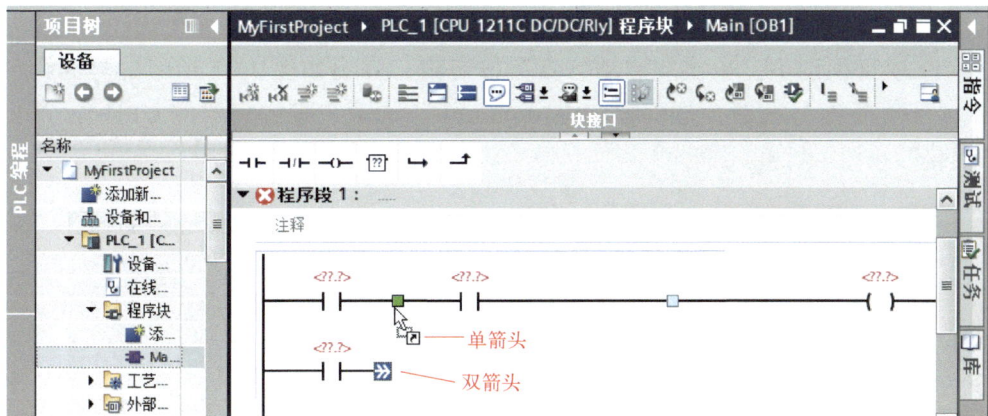

图 2-16　输入梯形图

（4）输入地址

在如图 2-16 所示图中的红色问号处输入对应的地址，梯形图的第一行分别输入：I0.0、I0.1 和 Q0.0，梯形图的第二行输入 Q0.0。输入完成后，如图 2-17 所示。

（5）编译项目

在项目视图中，单击"编译"按钮，编译整个项目，如图 2-17 所示。

（6）保存项目

在项目视图中，单击"保存项目"按钮 保存项目 ，保存整个项目，如图 2-17 所示。

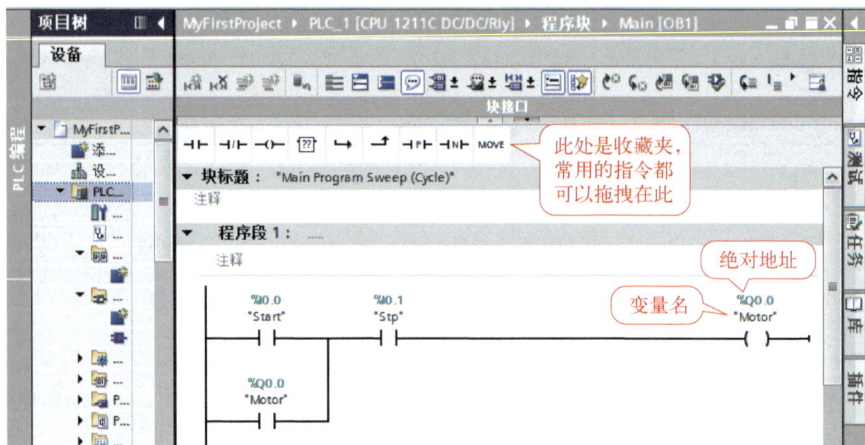

图 2-17　输入梯形图

程序下载到仿真软件 S7-PLCSIM

在项目视图中，单击"启动仿真"按钮，弹出如图 2-18 所示的界面，单击"开始搜索"按钮，选择"CPU common"选项（即仿真器的 CPU），单击"下载"按钮。

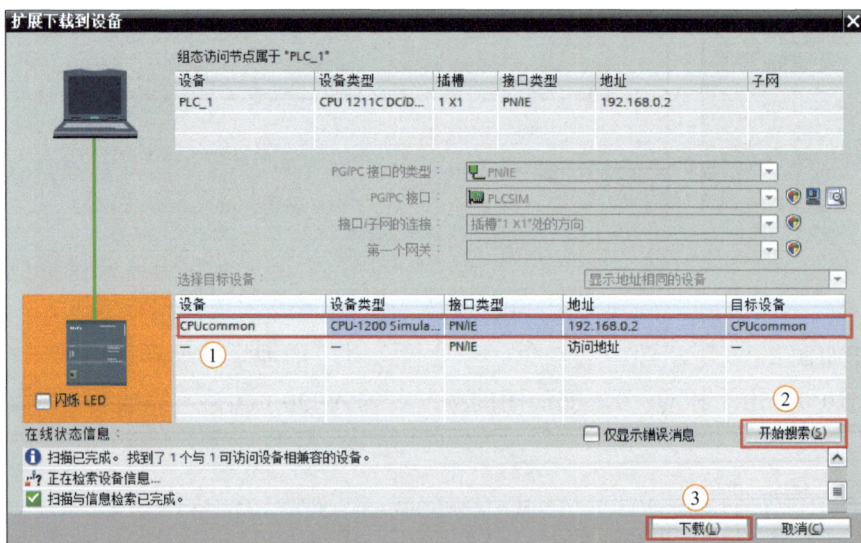

图 2-18　扩展下载到设备

如图 2-19 所示，单击"装载"按钮，弹出 2-20 所示的界面，选择"启动模块"选项，单击"完成"按钮即可。至此，程序已经下载到仿真器。

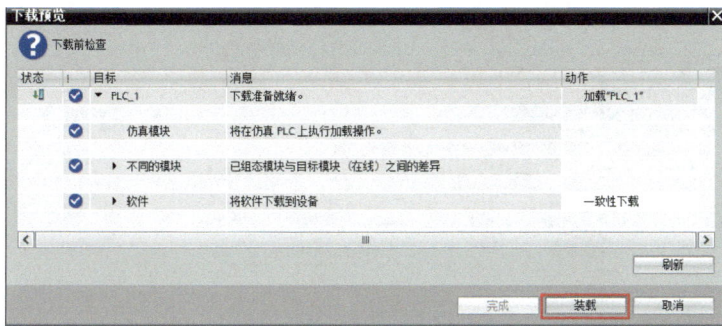

图 2-19　下载预览

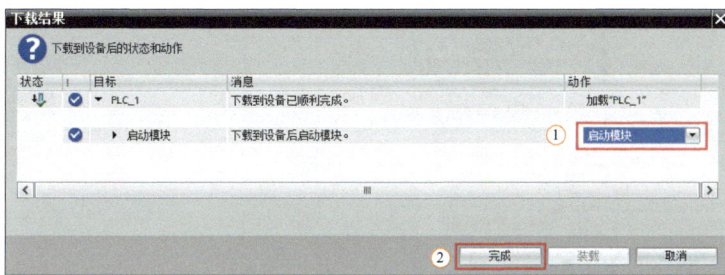

图 2-20　下载结果

如要使用输入映像寄存器 I 的仿真功能，需要打开仿真器的项目视图。单击仿真器上的"切换到项目视图"按钮 ，仿真器切换到项目视图，单击"新项目"按钮 ，新建一个仿真器项目，如图 2-21 所示，单击"创建"按钮即可，之前下载到仿真器的程序，也会自动下载到项目视图的仿真器中。

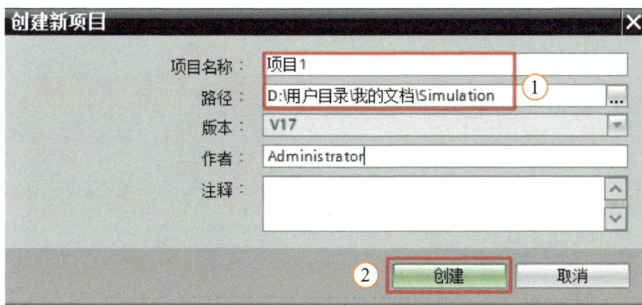

图 2-21　新建仿真器项目

如图 2-22 所示，双击打开"SIM 表…"，按图输入地址，名称自动生成，反之亦然。先勾选"I0.1：P"，模拟 SB2 是常闭触点，这点要注意。再选中"I0.0：P"（即 Start，标号"3"处），再单击"Start"按钮（标号"4"处），可以看到 Q0.0 线圈得电（图中为 TRUE）。

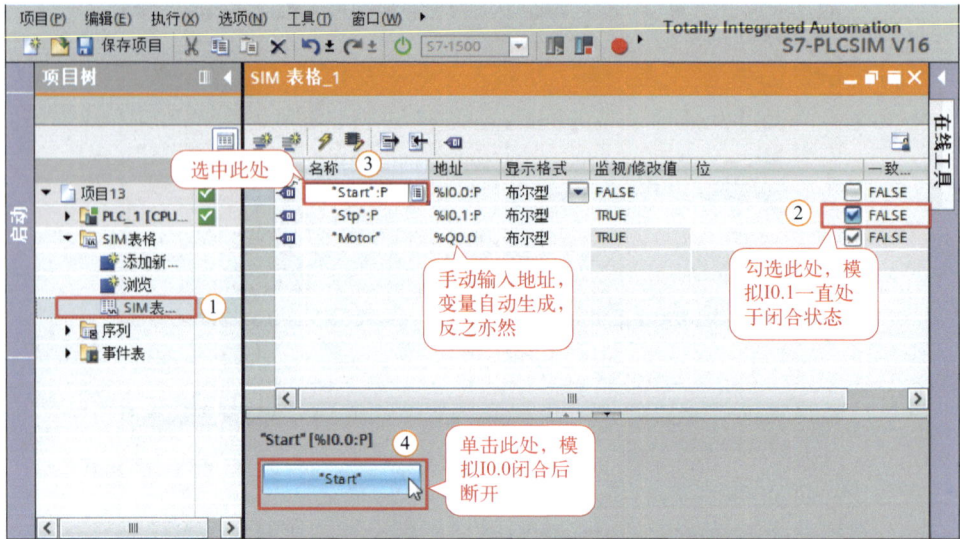

图 2-22　仿真

程序的监视

　　程序的监视功能在程序的调试和故障诊断过程中很常用。要使用程序的监视功能，必须将程序下载到仿真器或者 PLC 中。如图 2-23 所示，先单击项目视图的工具栏中的 ⬛转至在线，再单击程序编辑器工具栏中的"启用 / 停止监视"按钮 ⬛，使得程序处于在线状态。蓝色的虚线表示断开，而绿色的实线表示导通。

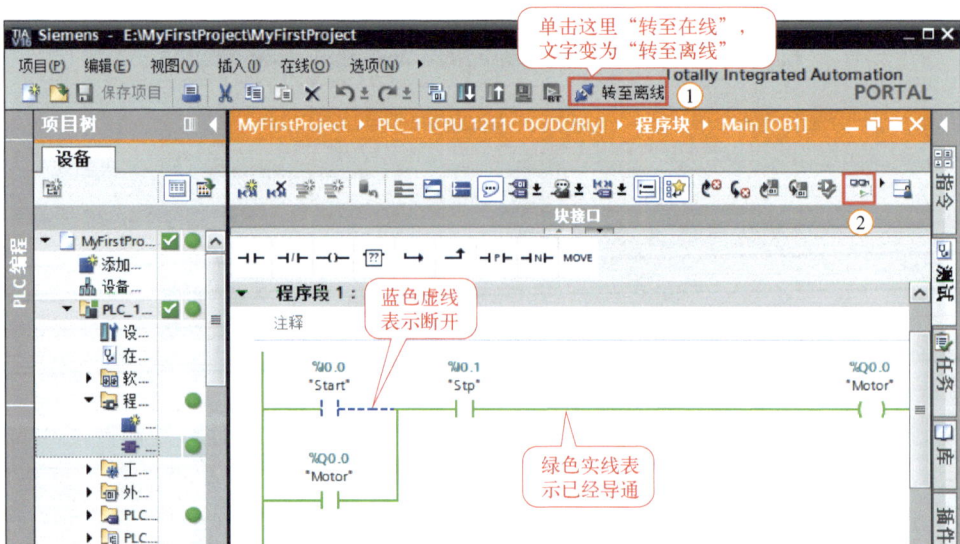

图 2-23　程序的监视

第13讲

用在线检测法创建一个完整的 TIA Portal 项目

在线检测法创建 TIA Portal 项目，在工程中很常用，其好处是硬件组态快捷，效率高，而且不必预先知道所有模块的订货号和版本号，但前提是必须有硬件，并处于在线状态。建议初学者尽量采用这种方法。

在项目视图中新建项目

首先打开 TIA Portal 软件，切换到项目视图，如图 2-24 所示，单击工具栏的"新建项目"按钮，弹出如图 2-7 所示的界面，在"名称"中输入新建的项目名称（本例为：MyFirstProject），单击"创建"按钮，完成新建项目。

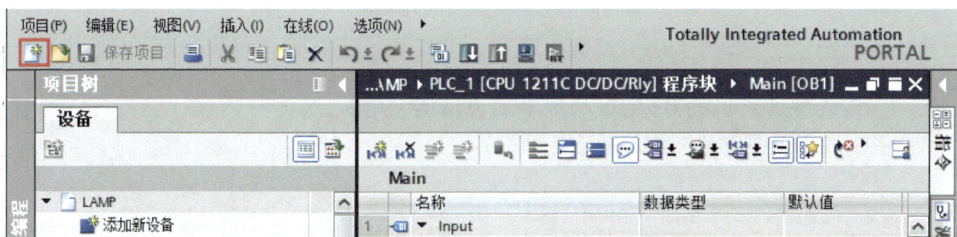

图 2-24 新建项目（1）

在线检测设备

（1）更新可访问的设备

将计算机的网口和与 CPU 模块的网口用网线连接，之后保持 CPU 模块处于通电状态。如图 2-25 所示，单击"在线访问"→"有线网卡"（不同的计算机可能不同），双击"更新可访问的设备"选项，之后显示所有能访问到设备的设备名和 IP 地址，本例为 plc_1[192.168.0.1]，这个地址是很重要的，可根据这个 IP 地址修改计算机的 IP 地址，使计算机的 IP 地址与之在同一网段（即 IP 地址的前 3 个字节相同）。

（2）修改计算的 IP 地址

在计算机的"网络连接"中，如图 2-26 所示，选择有线网卡，单击鼠标右键，弹出快捷菜单，单击"属性"选项，弹出 2-27 所示的界面，按照图中内容进行设置，最后单击"完成"即可。

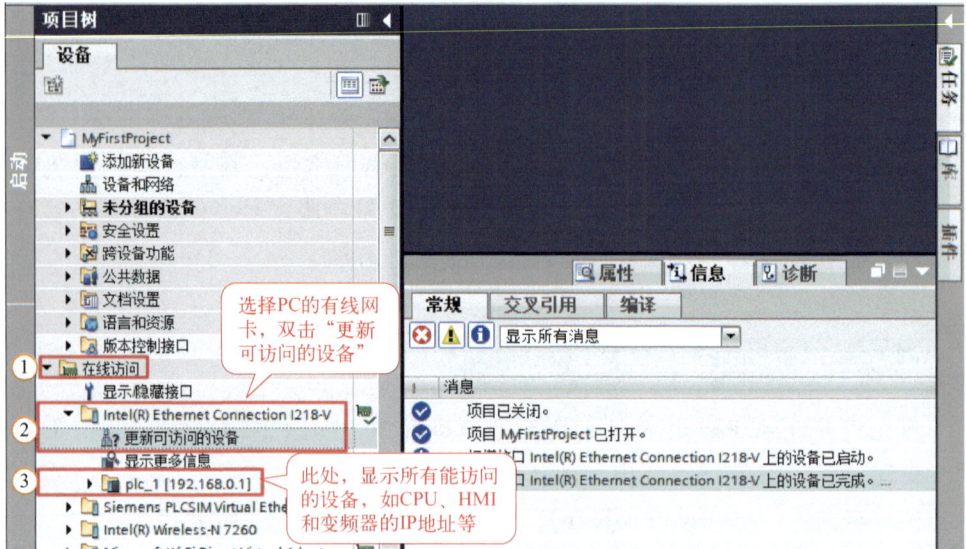

图 2-25　更新可访问的设备

> **注意**　要确保计算机的 IP 地址与搜索的设备的 IP 地址在同一网段，且网络中任何设备的 IP 地址都是唯一的。

图 2-26　修改计算的 IP 地址（1）

（3）添加设备

如图 2-28 所示，双击项目树中的"添加设备"命令，弹出如图 2-29 所示的界面，选中"控制器"→"SIMATIC S7-1200"→"CPU"→"Unspecified CPU 1200"（非特定 CPU 1200）→"6ES7 2XX-XXXXX-XXXXX"，单击"确定"按钮。

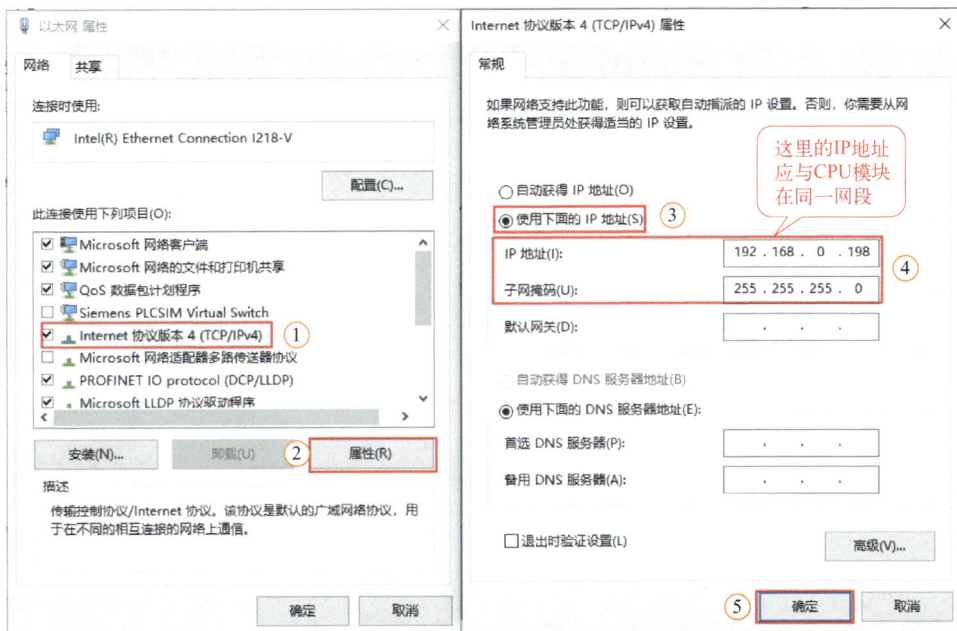

图 2-27　修改计算机的 IP 地址（2）

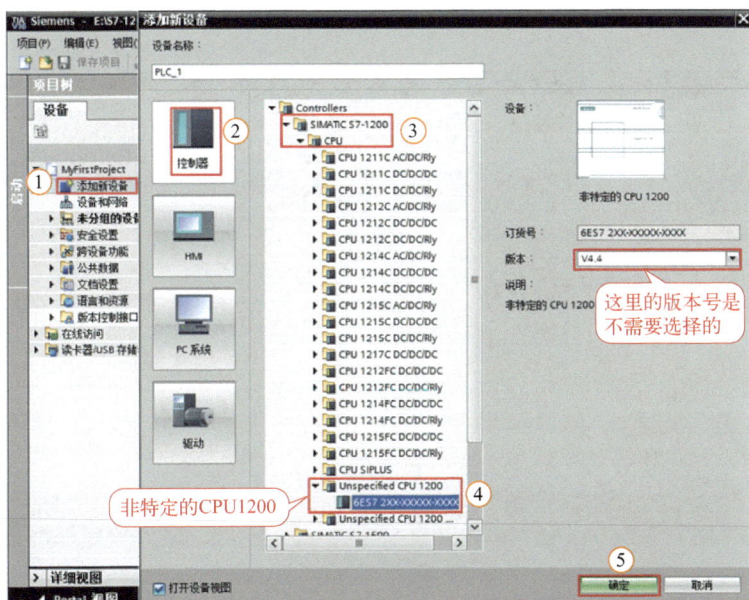

图 2-28　添加设备（1）

如图 2-29，单击"获取"按钮，弹出如图 2-30 所示的界面。选择读者计算机的有线以太网卡，单击"开始搜索"按钮，选择搜索到的设备"plc_1"，单击"检测"按钮。硬件组态全部"检测"到 TIA Portal 软件中，如图 2-31 所示。

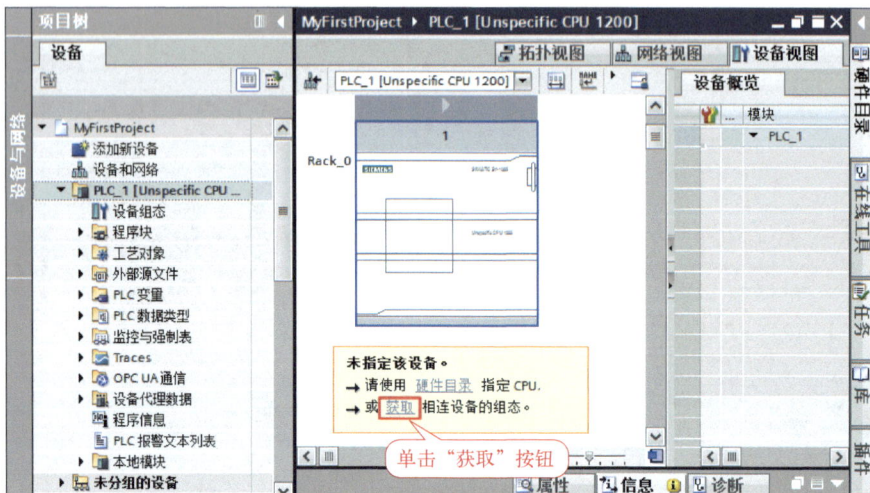

图 2-29　添加设备（2）

如图 2-30 所示，先选择以太网接口和有线网卡，单击"开始搜索"按钮，弹出如图 2-31 所示界面，选择搜索到的设备"plc_1"，单击"检测"按钮，硬件检测完成后弹出如图 2-32 所示的界面。可以看到，一次把 3 个设备都添加完成，而且硬件的订货号和版本号都是匹配的。

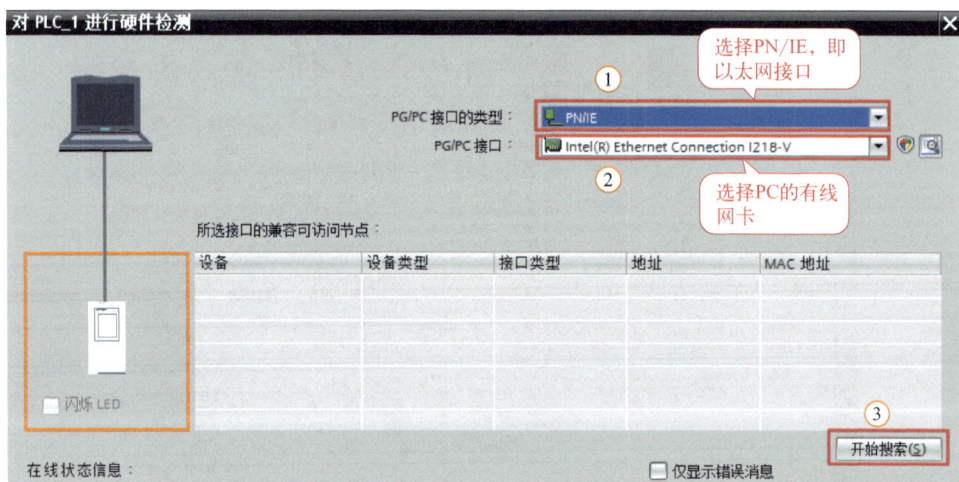

图 2-30　硬件检测（1）

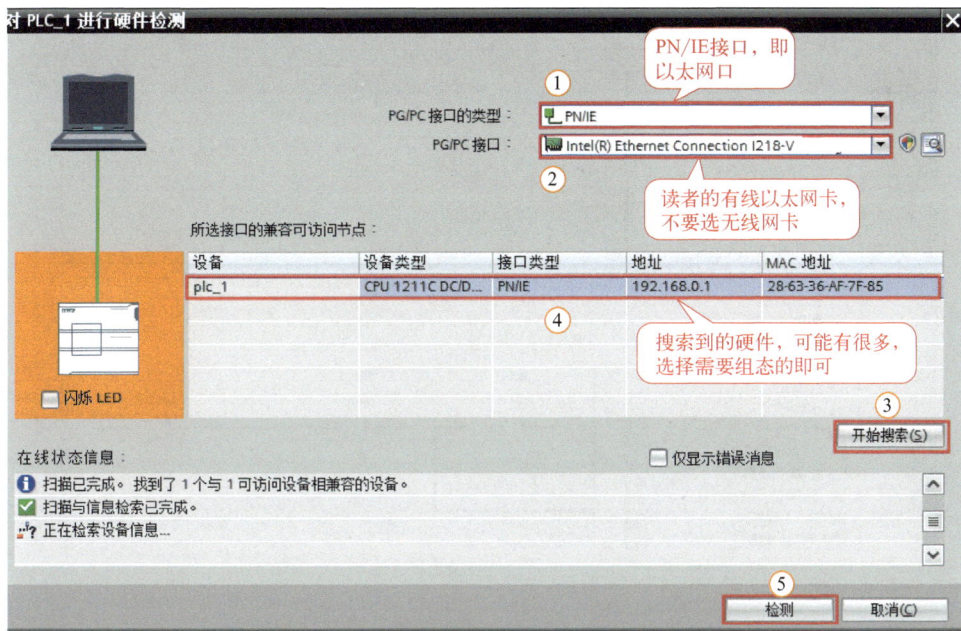

图 2-31　硬件检测（2）

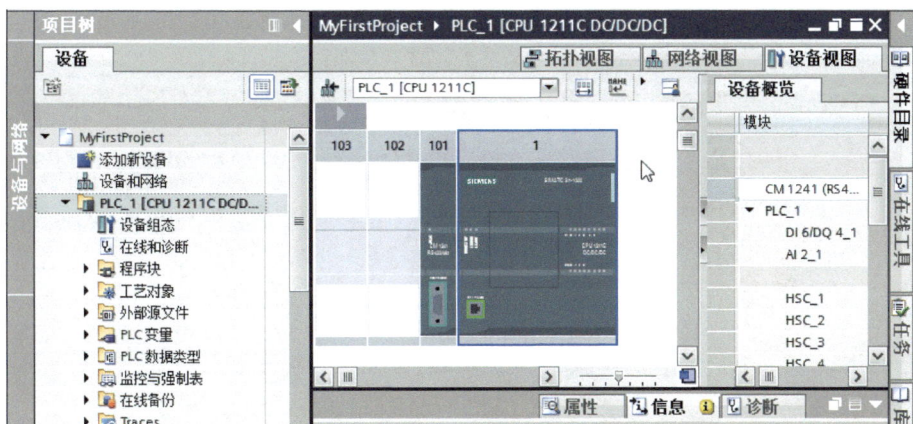

图 2-32　在线添加硬件完成

程序下载到 CPU 模块

程序的输入与第 12 讲相同，在此不再重复，如图 2-33 所示，选中要下载的 CPU 模块（本例为 PLC_1），单击"下载到设备"按钮 ，弹出如图 2-34 所示的界面，单击"开始搜索"按钮，选中搜索的设备"PLC_1"，单击"下载"按钮。

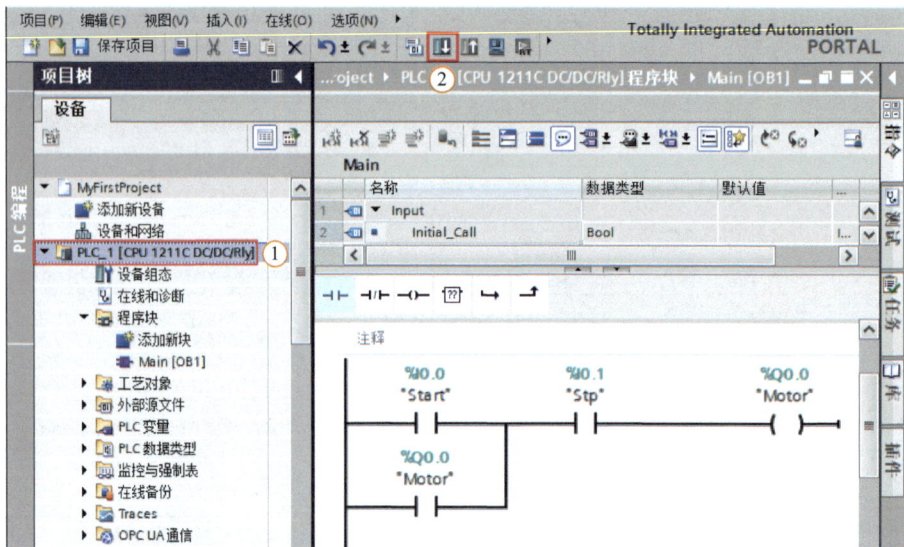

图 2-33　下载（1）

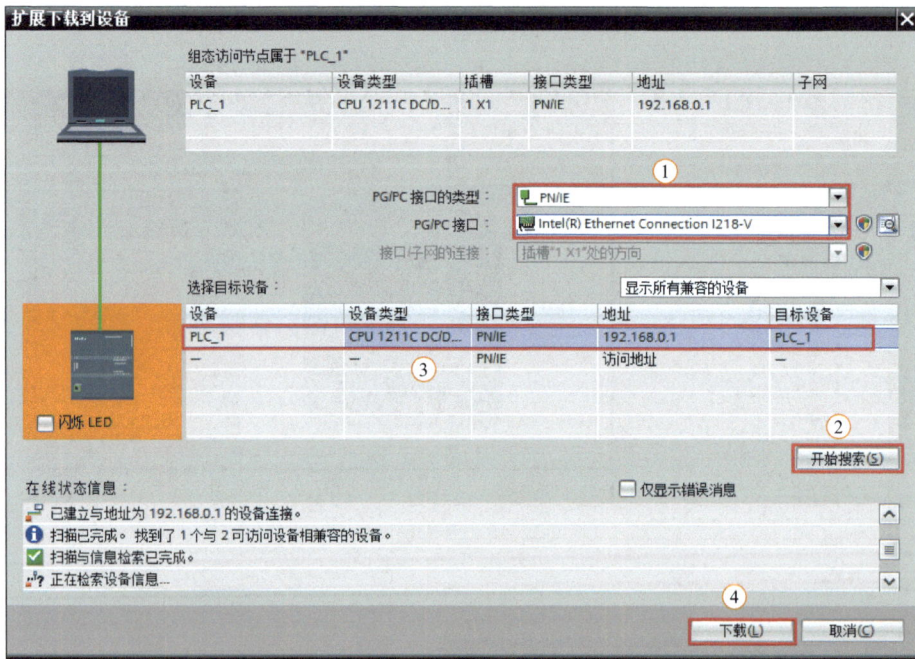

图 2-34　下载（2）

　　如图 2-35 所示，单击"在不同步的情况下继续"按钮，弹出如图 2-36 所示的界面，单击"装载"按钮，当装载完成后弹出如图 2-37 所示的界面。显示"错误：0"，表示项目下载成功。

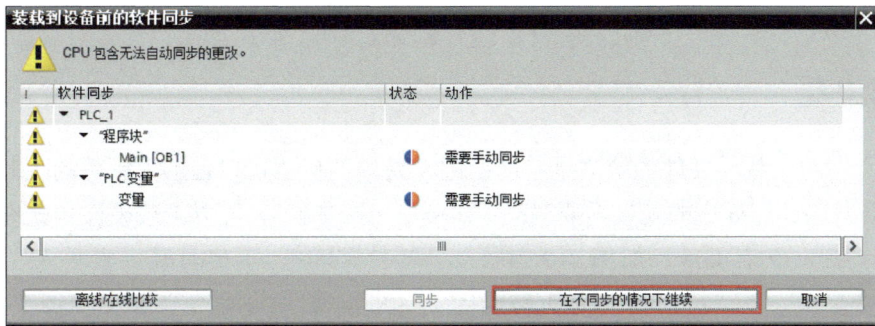

图 2-35　下载（3）

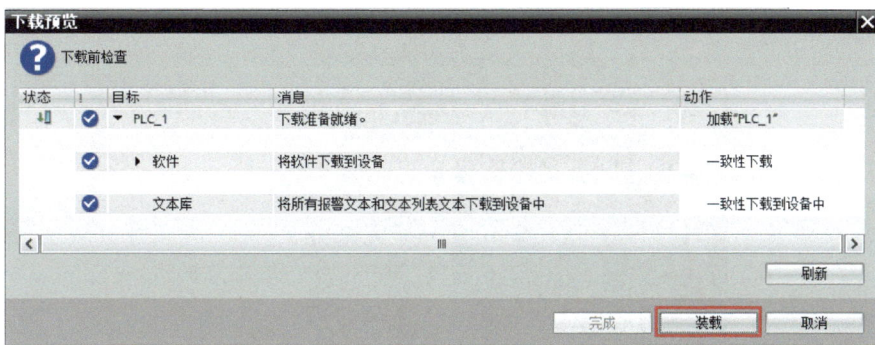

图 2-36　下载（4）

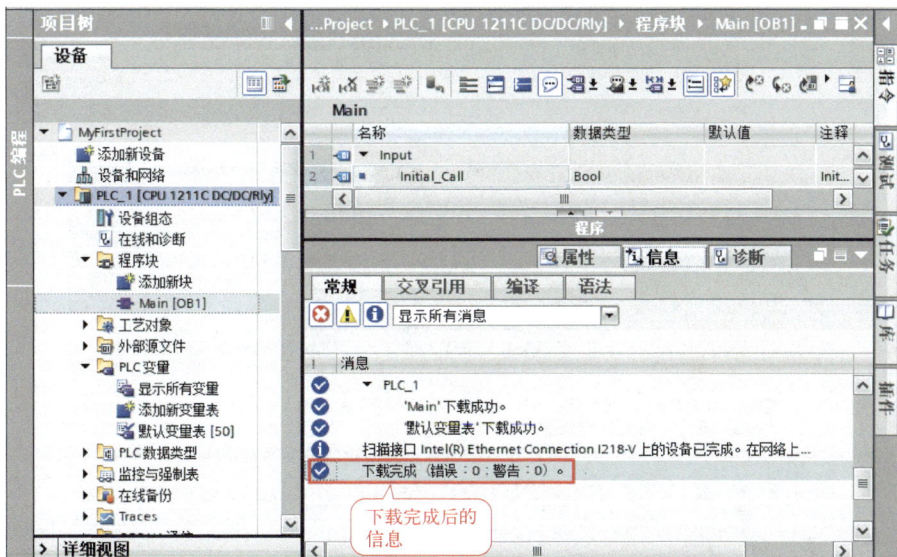

图 2-37　下载完成

程序的监视参考第 12 讲。

第 14 讲

程序上载

程序的上载与硬件的检测是有区别的，硬件的检测可以理解为硬件的上载，且不需要密码，而程序的上载需要密码（如程序已经加密），可以上载硬件和软件。

新建一个空项目，如图 2-38 所示，选中项目名 "Upload"，再单击菜单栏中的 "在线" → "将设备作为新站上传（硬件和软件）" 命令，弹出如图 2-39 所示的界面。选择计算机的以太网口 "PN/IE"，单击 "开始搜索" 按钮，选中搜索到的设备 "plc_1"，单击 "从设备上传" 按钮，设备中的 "硬件和软件" 上传到计算机中。

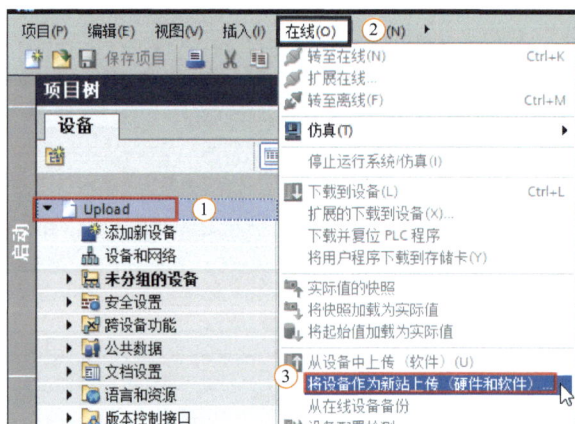

图 2-38　上传（1）

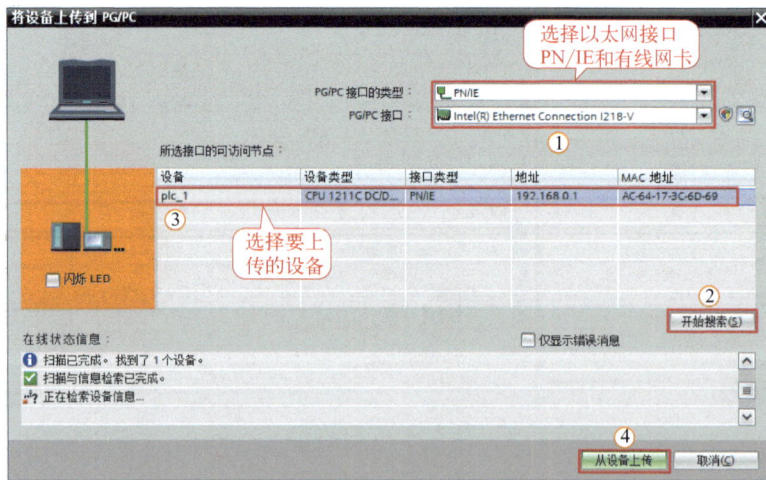

图 2-39　上传（2）

第 3 章

S7-1200/1500 PLC 的指令及应用

本章介绍 S7-1200/1500 PLC 的编程基础知识（数据类型和数据存储区）、指令系统及其应用。本章内容多，是 PLC 入门的关键，掌握本章内容标志着 S7-1200/1500 初步入门。

3.1　编程基础

第 15 讲

S7-1200/1500 PLC 的数据类型

第 16 讲

S7-1200/1500 PLC 的存储区

第 17 讲

PLC 的工作原理

3.2　基本指令应用

第 18 讲

复位、置位、复位域和置位域指令及其应用——电动机的起停控制

第 19 讲

RS/SR 触发器指令及其应用——电动机正反转控制

第 20 讲

上升沿和下降沿指令及其应用——点动控制

第 21 讲

基本指令综合应用——单键起停

3.3 定时器指令

定时器主要起延时作用，S7-1500 PLC 支持 S7 定时器和 IEC 定时器，S7-1200 PLC 只支持 IEC 定时器。IEC 定时器集成在 CPU 的操作系统中，S7-1200/1500 PLC 有以下定时器：脉冲定时器（TP）、通电延时定时器（TON）、通电延时保持型定时器（TONR）和断电延时定时器（TOF）。

第 22 讲

定时器及其应用——气炮的控制

当输入端 IN 接通，指令起动定时开始，连续接通时间超出预置时间 PT 之后，即定时时间到，输出 Q 的信号状态将变为 "1"，任何时候 IN 断开，输出 Q 的信号状态将变为 "0"。通电延时定时器（TON）有线框指令和线圈指令，以下分别讲解。

通电延时定时器（TON）线框指令

通电延时定时器（TON）的参数见表 3-7。

表 3-7　通电延时定时器指令和参数

LAD	SCL	参数	数据类型	说明
TON Time — IN　　Q — PT　　ET	"IEC_Timer_0_DB".TON (IN:=_bool_in_,PT:=_ time_in_,Q=>_bool_ out_,ET=>_time_out_);	IN	BOOL	起动定时器
		Q	BOOL	超过时间 PT 后，置位的输出
		PT	Time	定时时间
		ET	Time/LTime	当前时间值

以下用 2 个例子介绍通电延时定时器的应用。

例 3-7 当 I0.0 闭合，3s 后电动机起动，请设计控制程序。

解：

先插入 IEC 定时器 TON，弹出如图 3-20 所示界面，单击 "确定" 按钮，分配数据块，这是自动生成数据块的方法，相对比较简单。再编写程序如图 3-21 所示。当 I0.0 闭合时，起动定时器，T#3s 是定时时间，3s 后 Q0.0 为 1，MD10 中是定时器定时的当前时间。

例 3-8 用 S7-1200/1500 PLC 控制 "气炮"。"气炮" 是一种形象叫法，在工程中，混合粉末状物料（例如水泥厂的生料、熟料和水泥等）通常使用压缩空气循环和间歇供气，将粉状物料混合均匀。也可用"气炮"冲击力清理人不容易到达的罐体内壁。要求设计"气炮"，实现通气 3s，停 2s，如此循环。

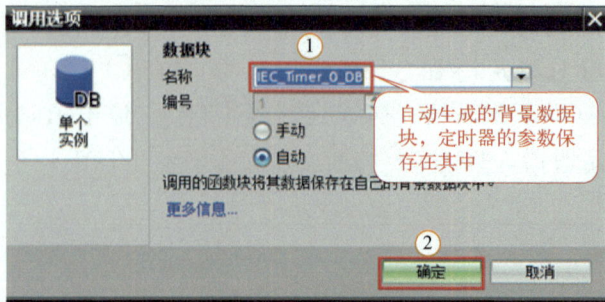

图 3-20　插入数据块

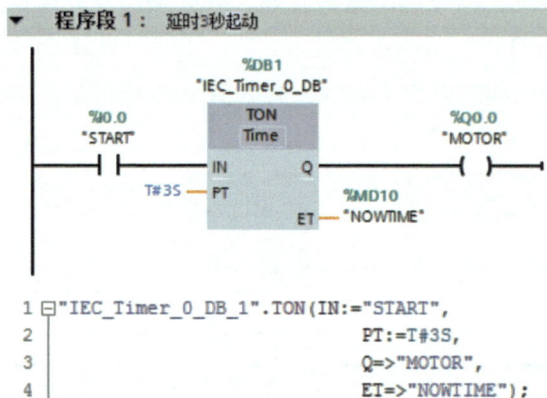

图 3-21　梯形图和 SCL 程序

解：

设计电气原理图

PLC 采用 CPU1511-1PN，原理图如图 3-22（a）所示，PLC 采用 CPU1211C，原理图如图 3-22（b）所示。

编写控制程序

首先创建数据块 DB_Timer，即定时器的背景数据块，如图 3-23 所示，然后在此数据块中，创建变量 T0，特别要注意变量的数据类型为"IEC_TIMER"，最后要编译数据块，否则容易出错。这是创建定时器数据块的第二种办法，项目中有多个定时器时，这种方法更加实用。

梯形图如图 3-24 所示。控制过程是：当 SB1 合上，M10.0 线圈得电自锁，定时器 T0 低电平输出，经过"NOT"取反，Q0.0 线圈得电，阀门打开供气。定时器 T0 定时 3s 后高电平输出,经过"NOT"取反,Q0.0 断电,控制的阀门关闭供气,与此同时定时器 T1 起动定时,2s 后," DB_Timer ".T1.Q 的常闭触点断开,造成 T0 和 T1 的线圈断电,逻辑取反后,Q0.0 阀门打开供气;下一个扫描周期 " DB_Timer ".T1.Q 的常闭触点又闭合,T0 又开始定时,如此周而复始,Q0.0 控制阀门开/关,产生"气炮"功能。

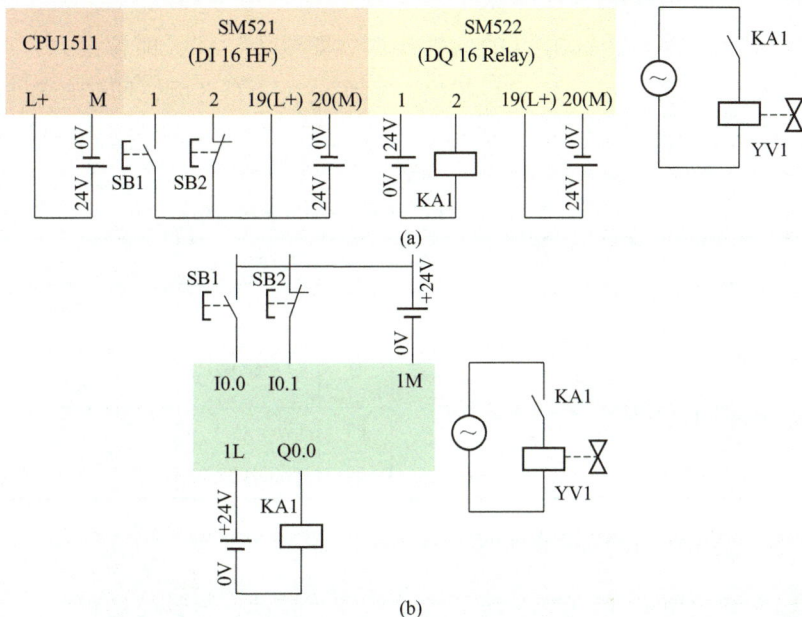

图 3-22 原理图

图 3-23 数据块

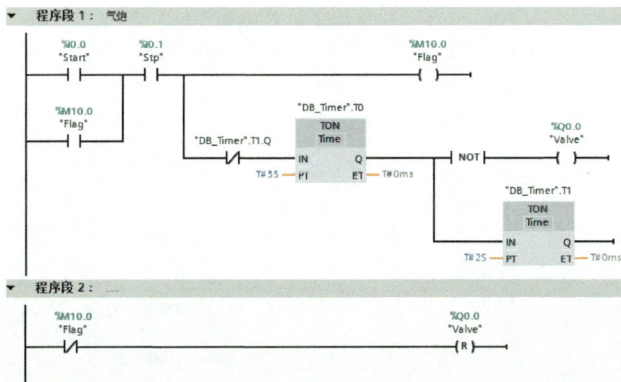

图 3-24 梯形图

第 23 讲

定时器及其应用——鼓风机的起停控制

断电延时定时器（TOF）线框指令

当输入端 IN 接通，输出 Q 的信号状态立即变为"1"，即输出，之后当输入端 IN 断开指令起动，定时开始，超出，预置时间 PT 之后，即定时时间到，输出 Q 的信号状态立即变为"0"。断电延时定时器（TOF）的参数见表 3-8。

表 3-8 断电延时定时器指令和参数

LAD	SCL	参数	数据类型	说明
TOF Time — IN Q — — PT ET —	"IEC_Timer_0_DB".TOF (IN:=_bool_in_,PT:=_time_in_,Q=>_bool_out_, ET=>_time_out_);	IN	BOOL	起动定时器
		Q	BOOL	定时器 PT 计时结束后要复位的输出
		PT	Time	关断延时的持续时间
		ET	Time/LTime	当前时间值

以下用一个例子介绍断电延时定时器（TOF）的应用。

例 3-9 断开按钮 I0.0，延时 3s 后电动机停止转动，设计控制程序。

解：

先插入 IEC 定时器 TOF，弹出如图 3-19 所示界面，分配数据块，再编写程序如图 3-25 所示，压下与 I0.0 关联的按钮时，Q0.0 得电，电动机起动。T#3s 是定时时间，断开与 I0.0 关联的按钮时，起动定时器，3s 后 Q0.0 为 0，电动机停转，MD10 中是定时器定时的当前时间。

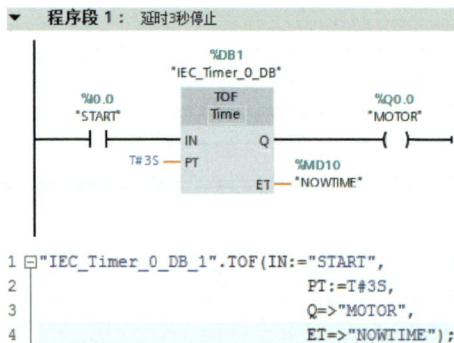

图 3-25 梯形图和 SCL 程序

例3-10 用 S7-1200/1500 PLC 控制一台鼓风机，鼓风机系统一般由引风机和鼓风机两级构成。按下起动按钮之后，引风机先工作，工作 5s 后，鼓风机工作。按下停止按钮之后，鼓风机先停止工作，5s 之后，引风机才停止工作。

解：

🔲 设计电气原理图

① PLC 的 I/O 分配　见表 3-9。

表 3-9　PLC 的 I/O 分配表

输　入			输　出		
名　称	符　号	输入点	名　称	符　号	输出点
开始按钮	SB1	I0.0	鼓风机	KA1	Q0.0
停止按钮	SB2	I0.1	引风机	KA2	Q0.1

② **设计控制系统的原理图**　设计电气原理图如图 3-26 所示，KA1 和 KA2 是中间继电器，起隔离和信号放大作用；KM1 和 KM2 是接触器，KA1 和 KA2 触点的通断控制 KM1 和 KM2 线圈的得电和断电，从而驱动电动机的起停。

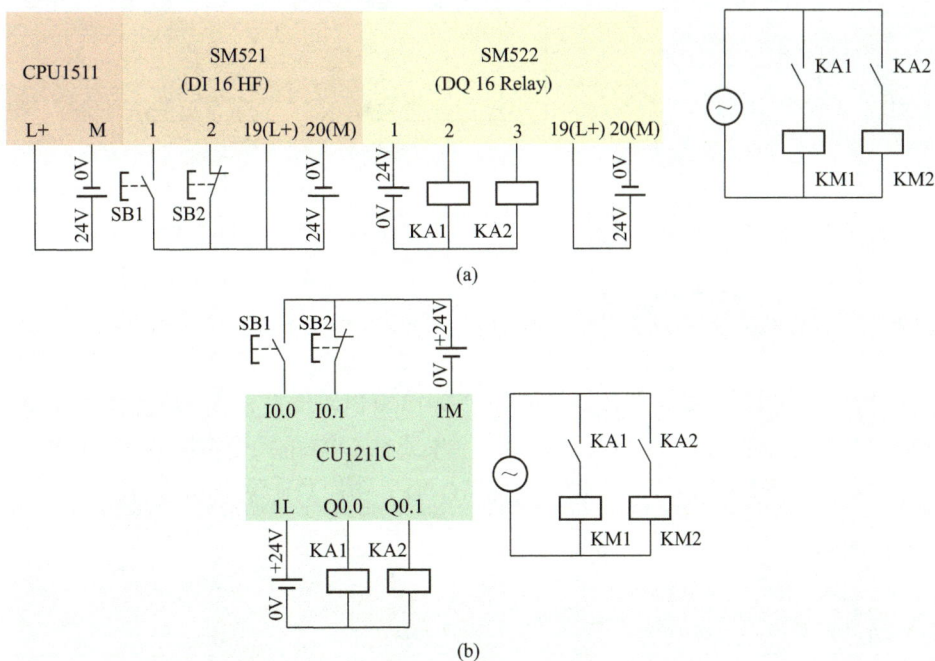

图 3-26　电气原理图

编写控制程序

引风机在按下停止按钮后还要运行 5s，容易想到要使用 TOF 定时器；鼓风机在引风机工作 5s 后才开始工作，因而用 TON 定时器。

① 首先创建数据块 DB_Timer，即定时器的背景数据块，如图 3-22 所示，然后在此数据块中创建两个变量 T0 和 T1，特别要注意变量的数据类型为 "IEC_TIMER"，最后要编译数据块，否则容易出错。

② 编写梯形图如图 3-27 所示。当下压起动按钮 SB1，M10.0 线圈得电自锁。定时器 TON 和 TOF 同时得电，Q0.1 线圈得电，引风机立即起动。5s 后，Q0.0 线圈得电，鼓风机起动。

当下压停止按钮 SB2，M10.0 线圈断电。定时器 TON 和 TOF 同时断电，Q0.0 线圈立即断开，鼓风机立即停止。5s 后，Q0.1 线圈断电，引风机停机。

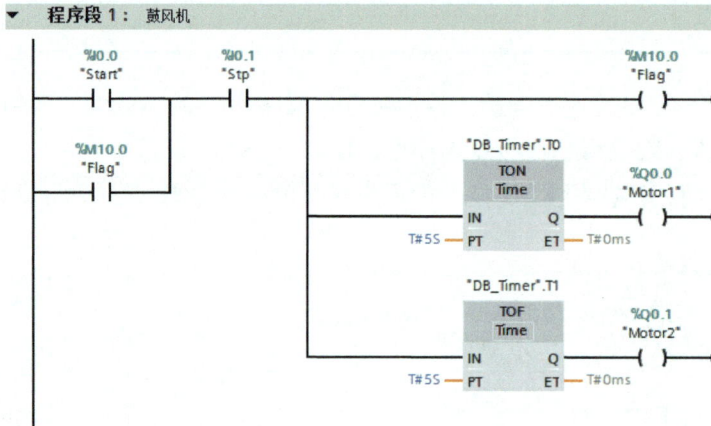

图 3-27　鼓风机控制梯形图程序

3.4　计数器指令

计数器主要用于计数，如计算产量等。S7-1500 PLC 支持 S7 计数器和 IEC 计数器，S7-1200 PLC 仅支持 IEC 计数器。IEC 计数器集成在 CPU 的操作系统中。在 CPU 中有以下计数器：加计数器（CTU）、减计数器（CTD）和加减计数器（CTUD）。

第 24 讲

计数器指令及其应用——密码锁的控制

如果输入 CU 的信号状态从 "0" 变为 "1"（信号上升沿），则执行该指令，同时输出 CV 的当前计数器值加 1，当 CV ≥ PV 时，Q 输出为 1；R 为 1 时，复位，CV 和 Q 变为 0。加计数器（CTU）的参数见表 3-10。

表 3-10　加计数器（CTU）指令和参数

LAD	SCL	参数	数据类型	说明
	"IEC_COUNTER_DB".CTU (CU:= "Tag_Start", R := "Tag_Reset", PV := "Tag_PresetValue", Q => "Tag_Status", CV => "Tag_CounterValue");	CU	BOOL	计数器输入
		R	BOOL	复位，优先于 CU 端
		PV	Int	预设值
		Q	BOOL	计数器的状态，CV >= PV，Q 输出 1，CV <PV，Q 输出 0
		CV	整数、Char、WChar、Date	当前计数值

从指令框的"???"下拉列表中选择该指令的数据类型。

以下以加计数器（CTU）为例介绍 IEC 计数器的应用。

例 3-11　压下与 I0.0 关联的按钮 3 次后，灯亮，压下与 I0.1 关联的按钮，灯灭，请设计控制程序。

解：

将 CTU 计数器拖拽到程序编辑器中，弹出如图 3-28 所示界面，单击"确定"按钮，输入梯形图程序如图 3-29 所示。当与 I0.0 关联的按钮压下 3 次，MW12 中存储的是当前计数值（CV）为 3，等于预设值（PV），所以 Q0.0 状态变为 1，灯亮；当压下与 I0.1 关联的复位按钮，MW12 中存储的是当前计数值变为 0，小于预设值（PV），所以 Q0.0 状态变为 0，灯灭。

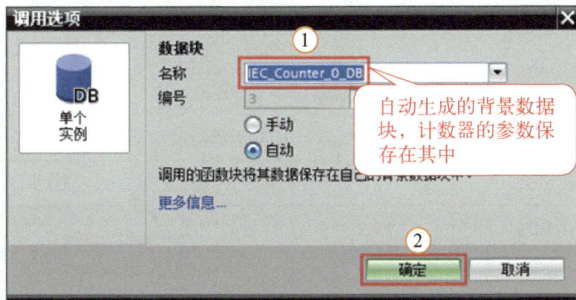

图 3-28　调用选项

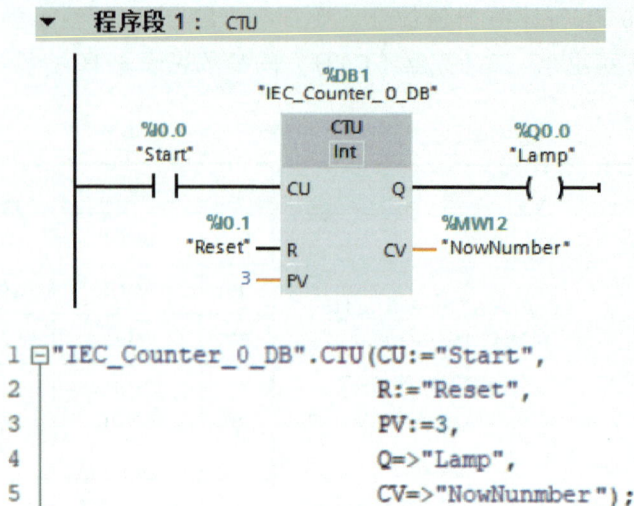

```
▼  程序段 1: CTU

                            %DB1
                       "IEC_Counter_0_DB"
        %I0.0                 CTU                    %Q0.0
        "Start"               Int                    "Lamp"
         ┤├              ───CU      Q───              ─( )─

        %I0.1                                         %MW12
        "Reset"───R                 CV───"NowNumber"
              3───PV
```

```
1  ⊟"IEC_Counter_0_DB".CTU(CU:="Start",
2                          R:="Reset",
3                          PV:=3,
4                          Q=>"Lamp",
5                          CV=>"NowNunmber");
```

图 3-29　梯形图和 SCL 程序

例 3-12　用 S7-1200 PLC 控制密码锁，密码锁控制系统有 5 个按钮 SB1 ～ SB5，其控制要求如下：

① SB1 为开锁按钮，按下 SB1 按钮，才可以开锁。

② SB2、SB3 为密码按钮，开锁条件是：SB2 压 3 次，SB3 压 2 次；同时按下 SB2、SB3 有顺序要求，先压 SB2，后压 SB3。

③ SB5 为不可按压的按钮，一旦按压，则系统报警。

④ SB4 为复位按钮，按压 SB4 后，可重新进行开锁作业，所有计数器被清零。

通过完成此任务，了解一个 PLC 控制项目的实施的基本步骤，掌握计数器指令。

解：

① PLC 的 I/O 分配　见表 3-11。

表 3-11　PLC 的 I/O 分配表

输　入			输　出		
名　称	符　号	输入点	名　称	符　号	输出点
开锁按钮	SB1	I0.0	开锁	KA1	Q0.0
密码按钮 1	SB2	I0.1	报警	HL1	Q0.1
密码按钮 2	SB3	I0.2			
复位按钮	SB4	I0.3			
错误按钮	SB5	I0.4			

② PLC 采用 CPU1211C 原理图如图 3-30 所示。

③ **编写控制程序** 首先创建数据块块 DB_Counter，然后创建变量 C0 和 C1，其数据类型为 "IEC_COUNTER"，如图 3-31 所示，创建完成后，应编译数据块。

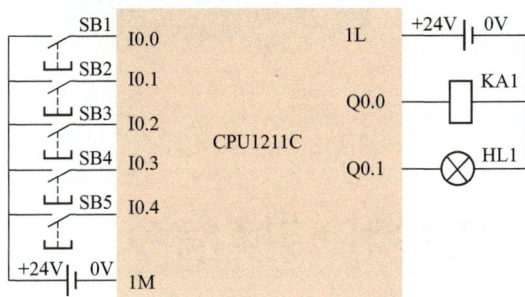

图 3-30 原理图

图 3-31 创建数据块

编写程序如图 3-32 所示。程序详细说明如下。

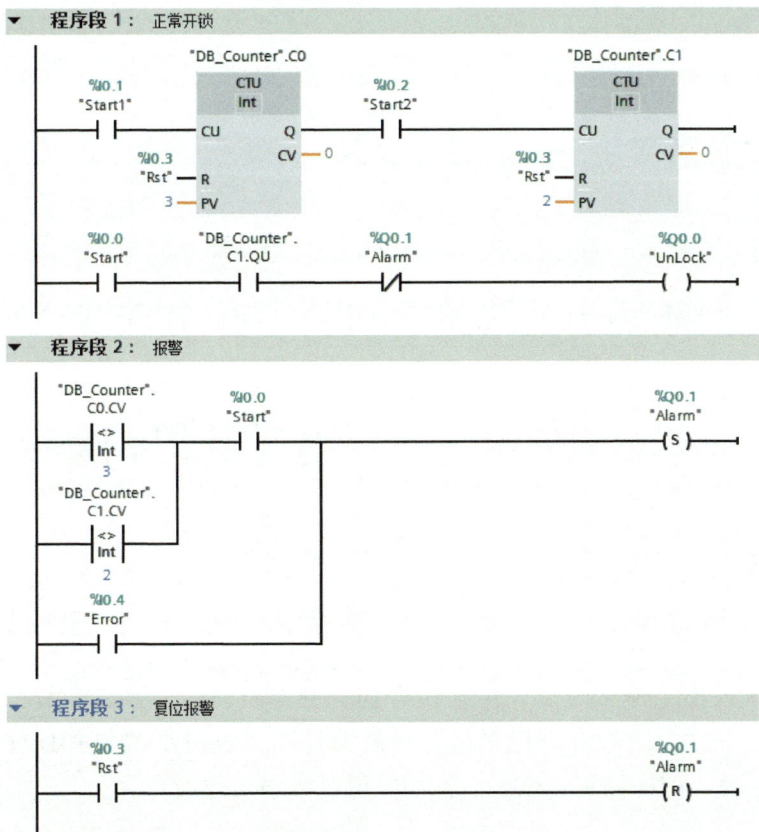

图 3-32 程序

程序段 1：正常开锁程序。当 SB2 压下三次，I0.1 闭合三次，计数器 C0 的输出导通，之后 SB3 压下两次，I0.2 闭合 2 次，DB_Counter.QU 常开触点导通，此时，压下开锁按钮 SB1，I0.0 常开触点闭合，开锁。

程序段 2：报警程序。只要 C0 计数值不等于 3 或 C1 计数值不等于 2 时，压下开锁按钮 SB1，I0.0 常开触点闭合，激发报警。任何时候压下 SB5 按钮，I0.4 常开触点闭合，激发报警。

程序段 3：复位报警程序。任何时候压下 SB4 按钮，I0.3 常开触点闭合，复位报警。

3.5 传送指令、比较指令和转换指令

第 25 讲
传送指令及其应用——星三角起动控制

第 26 讲
比较指令及其应用——交通灯控制

第 27 讲
转换指令及其应用——压力测量和比例阀门调节的控制

3.6 数学函数指令、移位和循环指令

第 28 讲
数学函数指令及其应用——三挡电炉加热的 PLC 控制

数学函数指令非常重要，主要包含加、减、乘、除、三角函数、反三角函数、乘方、开方、对数、求绝对值、求最大值和、求最小值和 PID 等指令，在模拟量的处理、PID 控制等很多场合都要用到数学函数指令。

加指令（ADD）

当允许输入端 EN 为高电平"1"时，输入端 IN1 和 IN2 中的整数相加，结果送入 OUT 中。加的表达式是：IN1 + IN2 = OUT。加指令（ADD）和参数见表 3-17。

表 3-17 加指令（ADD）和参数

LAD	SCL	参数	数据类型	说明
ADD Auto (???) EN — ENO IN1 OUT IN2 ✳	OUT:=IN1+IN2+⋯INn;	EN	BOOL	允许输入
		ENO	BOOL	允许输出
		IN1	整数、浮点数	相加的第 1 个值
		IN2	整数、浮点数	相加的第 2 个值
		INn	整数、浮点数	要相加的可选输入值
		OUT	整数、浮点数	相加的结果

> **注意** 可以从指令框的"???"下拉列表中选择该指令的数据类型。单击指令中的 ✳ 图标可以添加可选输入项。

用一个例子来说明加指令（ADD），梯形图和 SCL 程序如图 3-51 所示。当 I0.0 闭合时，激活加指令，IN1 中的整数存储在 MW10 中，假设这个数为 11，IN2 中的整数存储在 MW12 中，假设这个数为 21，整数相加的结果存储在 OUT 端的 MW16 中的数是 42。由于没有超出计算范围，所以 Q0.0 输出为"1"。

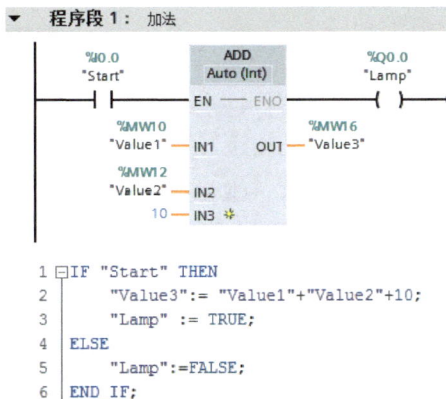

```
程序段 1: 加法

   %I0.0          ADD              %Q0.0
   "Start"      Auto (Int)         "Lamp"
   ┤├          EN    ENO           ( )
         %MW10              %MW16
         "Value1" — IN1  OUT — "Value3"
         %MW12
         "Value2" — IN2
            10 — IN3 ✳
```

```
1  IF "Start" THEN
2      "Value3":= "Value1"+"Value2"+10;
3      "Lamp" := TRUE;
4  ELSE
5      "Lamp":=FALSE;
6  END_IF;
```

图 3-51 加指令（ADD）示例

注意

（1）同一数学函数指令最好使用相同的数据类型（即数据类型要匹配），不匹配只要不报错也是可以使用的，如图 3-52 所示，IN1 和 IN3 输入端有小方框，就是表示数据类型不匹配但仍然可以使用。但如果变量为红色则表示这种数据类型是错误的，例如 IN4 输入端就是错误的。

（2）错误的程序可以保存（有的 PLC 错误的程序不能保存）。

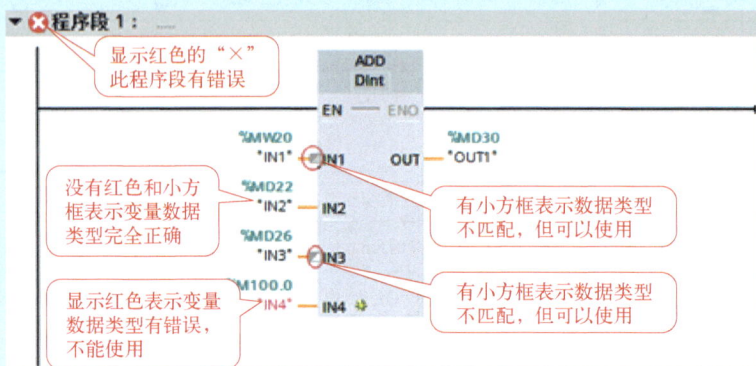

图 3-52　梯形图

例 3-16　有一个电炉，加热功率有 1000W、2000W 和 3000W 三个档次，电炉有 1000W 和 2000W 两种电加热丝。要求用一个按钮选择三个加热挡，当按一次按钮时，1000W 电阻丝加热，即第一挡；当按两次按钮时，2000W 电阻丝加热，即第二挡；当按三次按钮时，1000W 和 2000W 电阻丝同时加热，即第三挡；当按四次按钮时停止加热。

解：

电气原理图如图 3-53 所示。

在解释程序之前，先回顾前面已经讲述过的知识点，QB0 是一个字节，包含 Q0.0 ~ Q0.7 共 8 位，如图 3-54 所示。当 QB0=1 时，Q0.1 ~ Q0.7=0，Q0.0=1。当 QB0=2 时，Q0.2 ~ Q0.7=0，Q0.1=1，Q0.0=0。当 QB0=3 时，Q0.2 ~ Q0.7=0，Q0.0=1，Q0.1=1。掌握基础知识，对识读和编写程序至关重要。

梯形图如图 3-55 所示。当第 1 次压按钮时，执行 1 次加法指令，QB0=1，Q0.1 ~ Q0.7=0，Q0.0=1，第一挡加热；当第 2 次压按钮时，执行 1 次加法指令，QB0=2，Q0.2 ~ Q0.7=0，Q0.1=1，Q0.0=0，第二挡加热；当第 3 次压按钮时，执行 1 次加法指令，QB0=3，Q0.2 ~ Q0.7=0，

Q0.0=1，Q0.1=1，第三挡加热；当第 4 次压按钮时，执行 1 次加法指令，QB0=4，再执行比较指令；又当 QB0 ≥ 4 时，强制 QB0=0，关闭电加热炉。

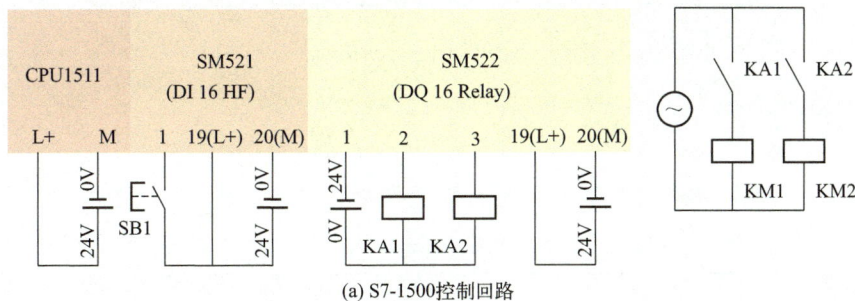

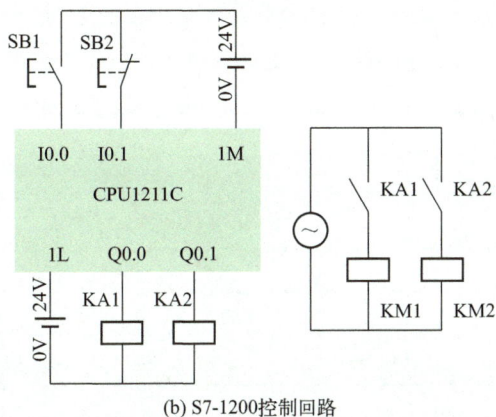

(a) S7-1500控制回路

(b) S7-1200控制回路

图 3-53　电气原理图

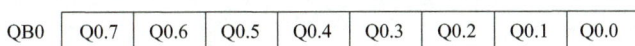

QB0	Q0.7	Q0.6	Q0.5	Q0.4	Q0.3	Q0.2	Q0.1	Q0.0

图 3-54　位和字节的关系

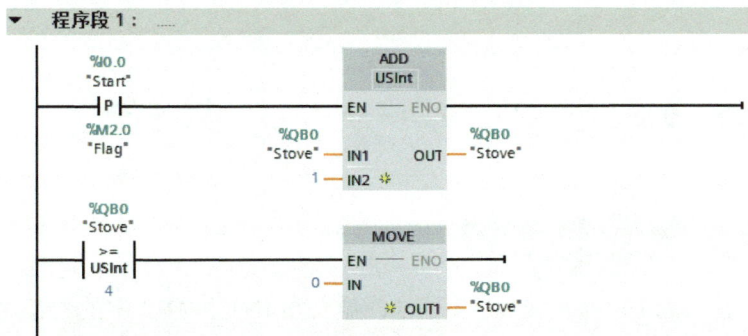

图 3-55　梯形图

注意

如图 3-55 所示的梯形图程序，没有逻辑错误，但实际上有两处缺陷，一是上电时没有对 Q0.0 ~ Q0.1 复位，二是浪费了 2 个输出点，这在实际工程应用中是不允许的。

对图 3-55 所示的程序进行改进，如图 3-56 所示。

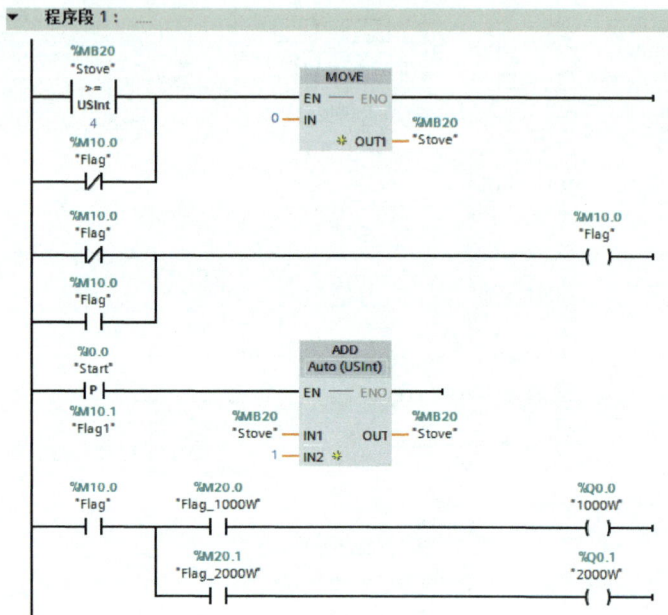

图 3-56　梯形图（改进后）

说明：本项目程序中 ADD 指令可以用 INC 指令代替。

第 29 讲

数学函数和转换指令综合应用——英寸转换毫米

乘指令（MUL）

当允许输入端 EN 为高电平"1"时，输入端 IN1 和 IN2 中的数相乘，结果送入 OUT 中。IN1 和 IN2 中的数可以是常数。乘的表达式是：IN1 × IN2 = OUT。

乘指令（MUL）和参数见表 3-18。

表 3-18　乘指令（MUL）和参数

LAD	参数	参数	数据类型	说明
MUL Auto (???) — EN — ENO — — IN1　OUT — — IN2 ✳	OUT:=IN1*IN2*… INn;	EN	BOOL	允许输入
		ENO	BOOL	允许输出
		IN1	整数、浮点数	相乘的第 1 个值
		IN2	整数、浮点数	相乘的第 2 个值
		INn	整数、浮点数	要相乘的可选输入值
		OUT	整数、浮点数	相乘的结果（积）

> **注意**　可以从指令框的"???"下拉列表中选择该指令的数据类型。单击指令中的 ✳ 图标可以添加可选输入项。

用一个例子来说明乘指令（MUL），梯形图和 SCL 程序如图 3-57 所示。当 I0.0 闭合时，激活整数乘指令，IN1 中的整数存储在 MW10 中，假设这个数为 11，IN2 中的整数存储在 MW12 中，假设这个数为 11，整数相乘的结果存储在 OUT 端的 MW16 中的数是 242。由于没有超出计算范围，所以 Q0.0 输出为"1"。

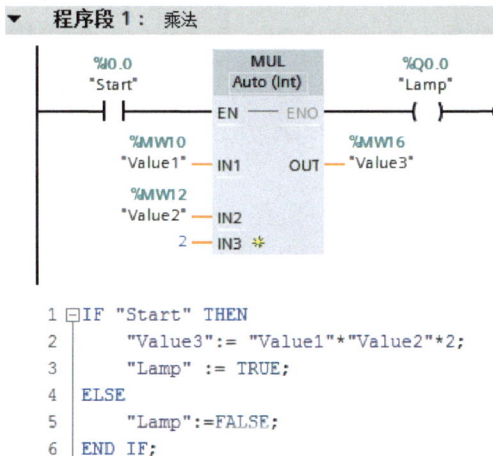

```
1 ┌IF "Start" THEN
2 │    "Value3":= "Value1"*"Value2"*2;
3 │    "Lamp" := TRUE;
4 ELSE
5      "Lamp":=FALSE;
6 END_IF;
```

图 3-57　乘指令（MUL）示例

> **注意**　可以从指令框的"???"下拉列表中选择该指令的数据类型。

例 3-17 将 53 英寸（in）转换成以毫米（mm）为单位的整数，请设计控制程序。

解：

1in=25.4mm，涉及实数乘法，先要将整数转换成实数，用实数乘法指令将 in 为单位的长度变为以 mm 为单位的实数，最后四舍五入即可，梯形图程序如图 3-58 所示。

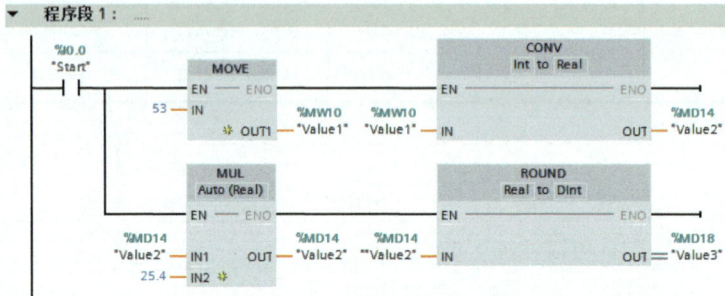

图 3-58　梯形图

数学函数中还有计算余弦、计算正切、计算反正弦、计算反余弦、取幂、求平方、求平方根、计算自然对数、计算指数值和提取小数等，由于都比较容易掌握，在此不再赘述。

数学函数指令使用比较简单，但初学者容易用错。有如下两点，请读者注意：

（1）参与运算的数据类型要匹配，不匹配则可能出错。

（2）数据都有范围，例如整数函数运算的范围是 $-32768 \sim 32767$，超出此范围则是错误的。

第 30 讲

移位指令应用——彩灯花样的 PLC 控制

TIA Portal 软件移位指令能将累加器的内容逐位向左或者向右移动。移动的位数由 N 决定。向左移 N 位相当于累加器的内容乘以 2^N，向右移相当于累加器的内容除以 2^N。移位指令在逻辑控制中使用也很方便。

左移指令（SHL）

当左移指令（SHL）的 EN 位为高电平"1"时，将执行移位指令，将 IN 端指定的内容送入累加器 1 低字中，并左移 N 端指定的位数，然后写入 OUT 端指令的目的地址中。左移指令（SHL）和参数见表 3-19。

表 3-19 左移指令（SHL）和参数

LAD	SCL	参数	数据类型	说明
SHL ??? EN — ENO IN — OUT N	OUT:=SHL(IN: =_in_,N: =_in_)	EN	BOOL	允许输入
		ENO	BOOL	允许输出
		IN	位字符串、整数	移位对象
		N	USINT，UINT，UDINT，ULINT	移动的位数
		OUT	位字符串、整数	移动操作的结果

注意 可以从指令框的"???"下拉列表中选择该指令的数据类型。

用一个例子来说明左移指令，梯形图和 SCL 程序如图 3-59 所示。当 I0.0 闭合时，激活左移指令，IN 中的字存储在 MW10 中，假设这个数为 2#1001 1101 1111 1011，向左移 4 位后，OUT 端的 MW10 中的数是 2#1101 1111 1011 0000，左移指令示意图如图 3-60 所示。

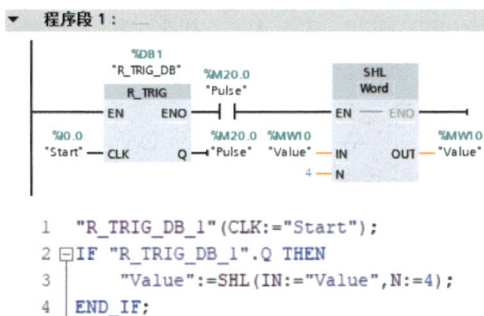

```
1   "R_TRIG_DB_1"(CLK:="Start");
2 □IF "R_TRIG_DB_1".Q THEN
3       "Value":=SHL(IN:="Value",N:=4);
4   END_IF;
```

图 3-59 左移指令示例

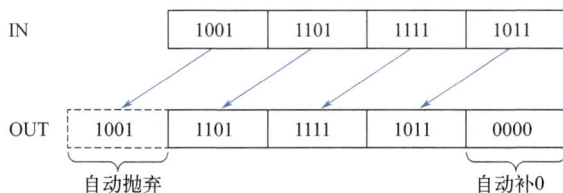

图 3-60 左移指令示意图

> **注意**
>
> 图 3-60 中的程序有一个上升沿，这样 I0.0 每闭合一次，左移 4 位，若没有上升沿，那么闭合一次，可能左移很多次。这点容易忽略，读者要特别注意。移位指令一般都需要与上升沿指令配合使用。

例 3-18 有 16 盏灯，PLC 上电后压下起动按钮，1 ~ 4 盏亮，1s 后 5 ~ 8 盏亮，1 ~ 4 盏灭，如此不断循环。当压下停止按钮，再压起动按钮，则从头开始循环亮灯。

解：

⬚ 设计电气原理图

电气原理图如图 3-61 所示。

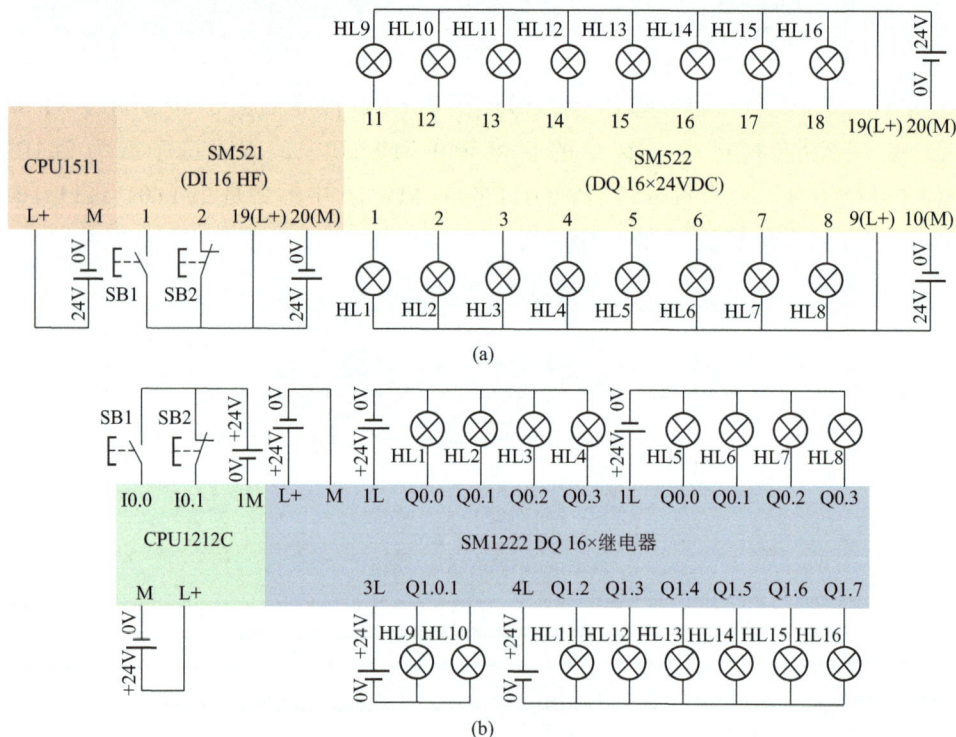

(a)

(b)

图 3-61 电气原理图

⬚ 编写控制程序

控制梯形图程序如图 3-62 所示，当压下起动按钮 SB1，亮 4 盏灯，1s 后，执行移位指令，另外 4 盏灯亮，1s 后，执行循环指令，再 4 盏灯亮，此指令执行 4 次 QW8=0，执行比较指令，下一个循环开始。当压下停止按钮，所有灯熄灭。

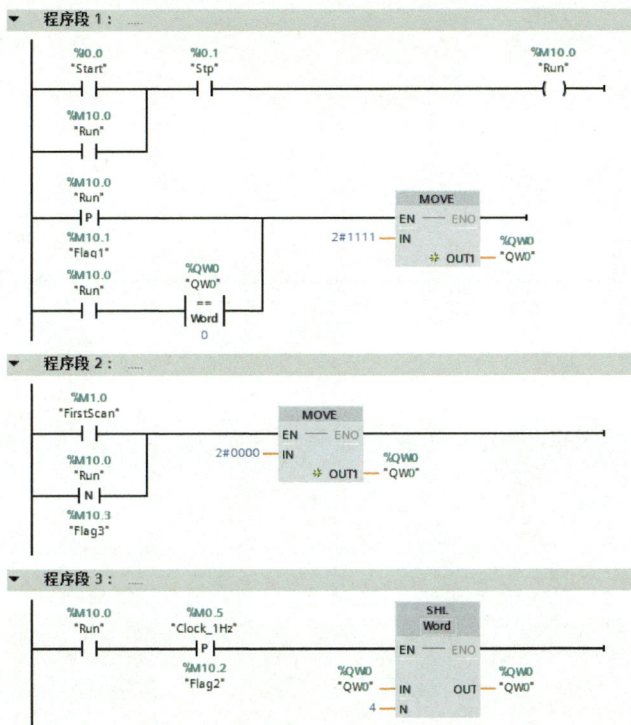

图 3-62　梯形图

任务小结

在工程项目中，移位和循环指令并不是必须使用的常用指令，但合理使用移位和循环指令会使得程序变得很简洁。

第 4 章

函数、函数块、数据块和组织块及其应用

用函数、数据块、函数块和组织块编程是西门子大中型 PLC 的一个特色，可以使程序结构优化，便于程序设计、调试和阅读等。通常成熟的 PLC 工程师，不会把所有的程序写在主程序中，而会合理使用函数、数据块、函数块和组织块进行编程。

4.1 块、函数和组织块

第 31 讲

函数（FC）入门——电动机的起停控制

第 32 讲

函数（FC）应用——直流电动机正反转控制

第 33 讲

组织块（OB）入门——起动和循环组织块

第 34 讲

函数和组织块应用——数字滤波程序设计

4.2 数据块和函数块

第 35 讲

数据块（DB）及其应用

第 36 讲

函数块（FB）及其应用——软起动控制

第 37 讲

函数块（FB）应用——星三角起动控制

4.3　逻辑控制程序设计法及其应用

对于比较复杂的逻辑控制，用经验设计法就不合适，这种情况适合用功能图设计法。功能图设计法无疑是应用最为广泛的设计方法。功能图就是顺序功能图，功能图设计法就是先根据系统的控制要求设计出功能图，如果采用的是 S7-300/400/1500 PLC，则直接使用 S7-Graph 即可，对于不支持 S7-Graph 的 S7-1200 PLC，则需要根据功能图编写梯形图或者其他类型的程序，程序可以是基本指令，也可以是顺控指令和功能指令。因此，设计功能图是整个设计过程的关键，也是难点。以下用几个例题进行介绍。

第 38 讲

"起保停"设计逻辑控制程序

逻辑控制设计程序的方法很多，用基本指令的"起保停"进行逻辑控制程序设计是经典的方法，以下用一个例题进行讲解。

例 4-10　图 4-38 为原理图，用 S7-1200/1500 PLC 控制小车的往返运动。当压下起动按钮 SB1 时，小车正转向右运行，碰到右极限开关 SQ1，停 2s，之后反转向左运行；停 2s，如此循环。有三种停止模式，模式 1：当压下停止按钮 SB2，完成一个工作循环后停止；模式 2：当压下停止按钮 SB2，立即停止，压下启动按钮后，从停止位置开始完成剩下的逻辑；模式 3：当压下急停按钮 SB3，立即停止，完全复位。

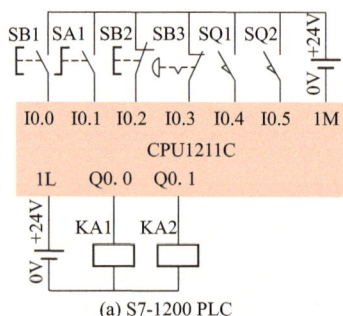

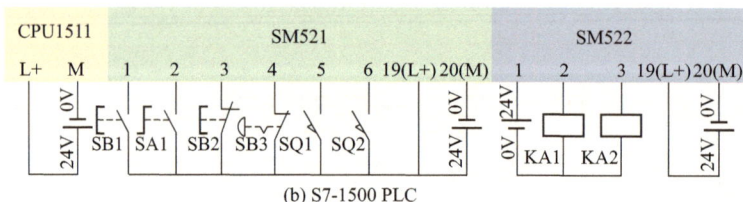

(a) S7-1200 PLC

(b) S7-1500 PLC

图 4-38　原理图

解：

根据题目的控制过程，设计功能图，如图 4-39 所示。

再根据功能图，先创建数据块 "DB_Timer"，并在数据块中创建 2 个 IEC 定时器，编写控制程序如图 4-40 所示。以下详细介绍程序。

程序段 1：停止模式 1，压下停止按钮，M9.0 线圈得电，M9.0 常开触点闭合，当完成一个工作循环后，定时器 "DB_Timer".T1.Q 的常开触点闭合，将线圈 M10.0 ～ M10.7 复位，系统停止运行。

程序段 2：停止模式 2，压下停止按钮，M9.1 线圈得电，M9.1 常闭触点断开，造成所有的定时器断电，从而使得程序"停止"在一个位置。

程序段 3：停止模式 3，即急停模式，立即把所有的线圈清零复位。

程序段 4：自动运行程序。MB10=0（即 M10.0 ～ M10.7=0）压下起动按钮才能起作用，这一点很重要，初学者容易忽略。这个程序段一共有 4 步，每一步一个动作（小车左右行或停），执行当前步的动作时，切断上一步的动作，这是编程的核心思路，有人称这种方法是"起保停"逻辑编程方法。

程序段 5：将梯形图逻辑运算的结果输出。

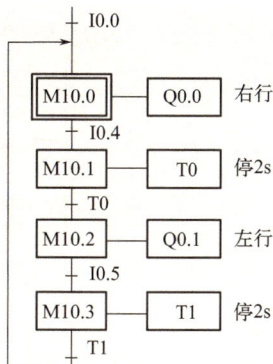

图 4-39　功能图

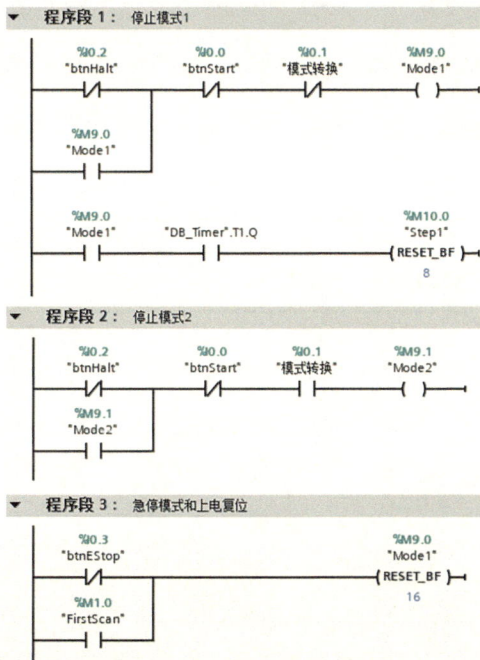

图 4-40

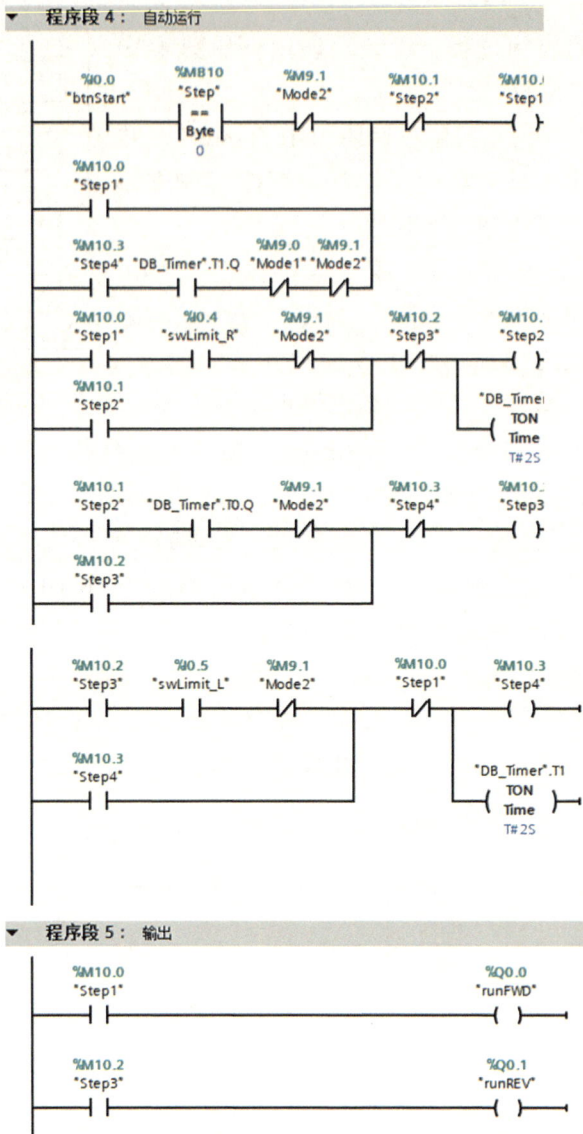

图 4-40 梯形图程序

学习小结

这个例子虽然简单，但是一个典型的逻辑控制实例，有两个重要的知识点。

（1）读者要学会逻辑控制程序的编写方法。

（2）要理解停机模式的应用场合、掌握编写停机程序的方法。本例的停机模式
1 常用于一个产品加工有多道工序，必须完成所有工序才算合格的情况；本例的停机
模式 2 常用于设备加工过程中发生意外事件，例如卡机使工序不能继续，使用模式 2

停机，排除故障后继续完成剩余的工序；停机模式 3 是急停，当人身和设备有安全问题时使用，使设备立即处于停止状态。

第 39 讲

MOVE 指令设计逻辑控制程序

用 MOVE 指令编写逻辑控制程序，实际就是指定一个"步号"，每一步完成一个或几个动作，步的跳转由 MOVE 指令完成，这种方法编写程序简单明了，工程中很常用。以下用一个例题进行讲解。

例 4-11 题目要求见例【4-10】。原理图和流程图与上一例相同。再根据功能图，先创建数据块 "DB_Timer"，并在数据块中创建 2 个 IEC 定时器，编写控制程序如图 4-41 所示。以下详细介绍程序。

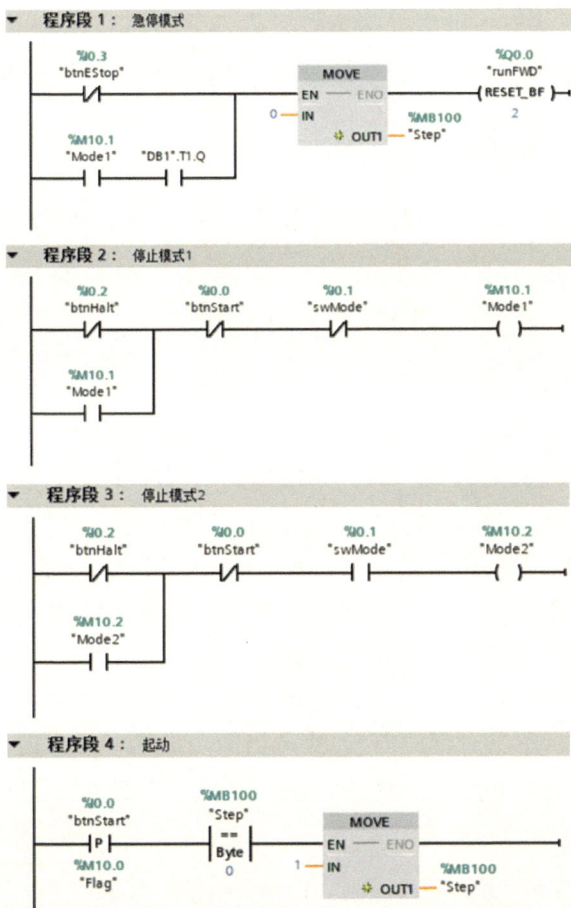

图 4-41

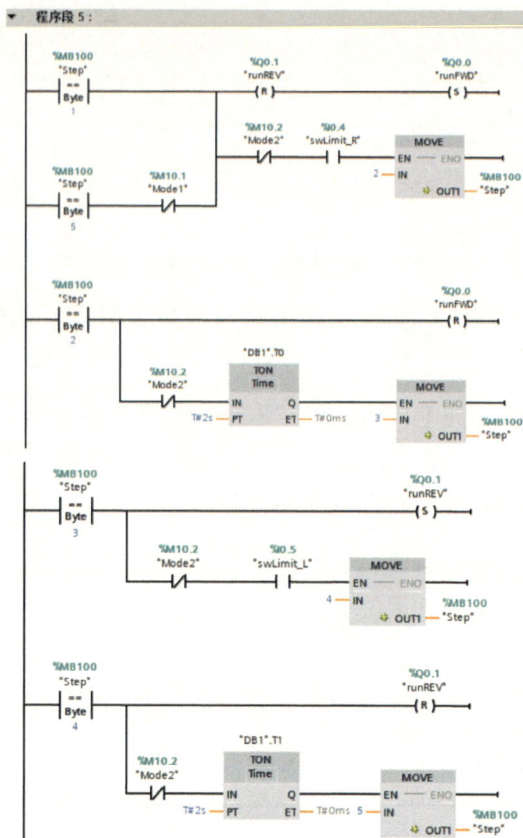

图 4-41　Auto_Run（FB1）程序

解：

程序段 1：急停模式，立即把所有的线圈清零复位。

程序段 2：停止模式 1，压下停止按钮，M10.1 线圈得电，M10.1 常开触点闭合，当完成一个工作循环后，定时器 "DB_Timer".T1.Q 的常开触点闭合，将线圈 Q0.0 ~ Q0.1 复位，MB100=0，系统停止运行。

程序段 3：停止模式 2，压下停止按钮，M10.2 线圈得电，M10.2 常闭触点断开，造成所有的定时器断电，从而使得程序"停止"在一个位置。

程序段 4：自动运行程序。MB100 是步号，这个程序段一共有 4 步，每一步一个动作（小车左右行或停），执行当前步激活并动作时，切断上一步的动作，这是编程的核心思路。这种方法在工程中非常常用。

任务小结

本任务用"MB100"作逻辑步，每一步用一个步号（MB100=1 ~ 7），相比于前面的逻辑控制程序编写方法，可修改性更强，更便于阅读。

第 5 章

S7-1200/1500 PLC 的高速计数器及其应用

PLC 工艺功能包括高速输入、高速输出和 PID 功能，工艺功能是 PLC 学习中的难点内容。学习本章掌握利用高速计数器的测距离和测速度编写程序。本章是 PLC 晋级的关键。

5.1　S7-1200 PLC 的高速计数器及其应用

　　高速计数器能对超出 CPU 普通计数器能力的脉冲信号进行测量。S7-1200 CPU 提供了多个高速计数器（HSC1 ~ HSC6）以响应快速脉冲输入信号。高速计数器的计数速度比 PLC 的扫描速度要快得多，因此高速计数器可独立于用户程序工作，不受扫描时间的限制。用户通过相关指令和硬件组态控制计数器的工作。高速计数器的典型的应用是利用光电编码器测量转速和位移。

　　对于 S7-1500 PLC，仅有紧凑型 CPU 模块集成了高数计数器（如 CPU1512C-1PN），其余 CPU 模块均未集成此功能，需要配置高速计数模块（如 TM Count 2×24V）才可进行高速计数。

第 40 讲

S7-1200 的高速计数器应用——滑台的实时位移测量

第 41 讲

S7-1200 的高速计数器应用——滑台的实时速度测量

5.2　S7-1500 PLC 的高速计数器及其应用

第 42 讲

S7-1500 的高速计数器应用——滑台的实时位移和速度测量

S7-1500 PLC 高速计数器基础

　　在 S7-1500 PLC 中，紧凑型 CPU 模块（如 CPU1512C-1PN）、计数模块（如 TM Count 2x24V）、位置检测模块（如 TM PosInput 2）和高性能型数字输入模块（如 DI 16x24VDC HF）都具有高数计数功能。

（1）工艺模块及其功能

工艺模块 TM Count 2×24V 和 TM PosInput 2 的功能如下：

■ 高速计数。

■ 测量功能（频率、速度和持续周期）。

■ 用于定位控制的位置检查。

工艺模块 TM Count 2×24V 和 TM PosInput 2 可以安装在 S7-1500 的中央机架和扩展 ET 200MP 上。

（2）工艺模块 TM Count 2×24V 的接线

① 工艺模块 TM Count 2×24V 的接线端子的功能　工艺模块 TM Count 2×24V 的接线端子的功能定义见表 5-6。

表 5-6　TM Count 2×24V 的接线端子的功能定义

外形	编号	定义	具体解释		
	计数器通道 0				
	1	CH0.A	编码器信号 A	计数信号 A	向上计数信号 A
	2	CH0.B	编码器信号 B	方向信号 B	—	向上计数信号 B
	3	CH0.N	编码器信号 N	—		
	4	DI0.0	数字量输入 DI0		
	5	DI0.1	数字量输入 DI1		
	6	DI0.2	数字量输入 DI2		
	7	DQ0.0	数字量输出 DQ0		
	8	DQ0.1	数字量输出 DQ1		
	两个计数器通道的编码器电源和接地端				
	9	24VDC	24V DC 编码器电源		
	10	M	编码器电源、数字输入和数字输出的接地端		

② 工艺模块 TM Count 2×24V 的接线图　工艺模块 TM Count 2×24V 的接线图如图 5-19 所示，标号 A、B 和 N 分别是编码器的 A 相、B 相和 N 相。标号 41 和 44 是外部向工艺模块供电，而标号 9 和 10 是向编码器供电。

S7-1500 PLC 高速计数器应用

例 5-3　用光电编码器测量长度和速度，光电编码器为 500 线，电动机与编码器同轴相连，电动机每转一圈，滑台移动 10mm，要求在 HMI 上实时显示位移和速度数值。原理图如图 5-20 所示。

解：

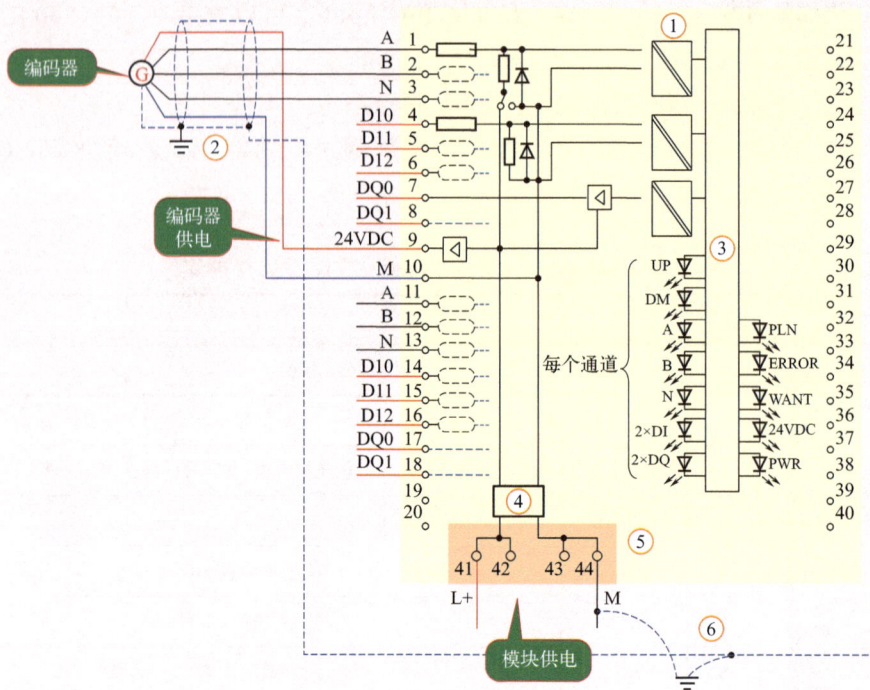

图 5-19　接线图

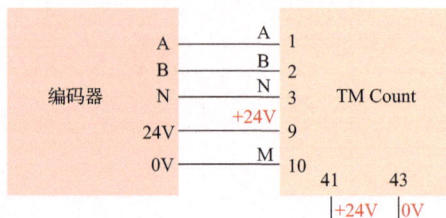

图 5-20　原理图

硬件组态

① 新建项目，添加 CPU。打开 TIA Portal 软件，新建项目"HSC1"，单击项目树中的"添加新设备"选项，添加"CPU1511-1PN"和"TM Count 2×24V"模块，如图 5-21 所示。

② 选择高速计数器的工作模式。在巡视窗口中，选中"属性"→"常规"→"工作模式"，选择使用工艺对象"计数和测量"操作选项，如图 5-22 所示。

组态工艺对象

① 在项目树中，选中"工艺对象"，双击"新增对象"选项，在弹出的

"新增对象"界面中，选择"计数和测量"→"High_Speed_Counter"，单击"确定"按钮，如图 5-23 所示。

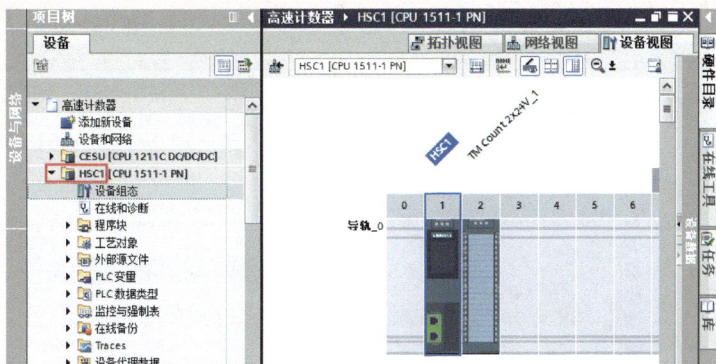

图 5-21 新建项目，添加模块

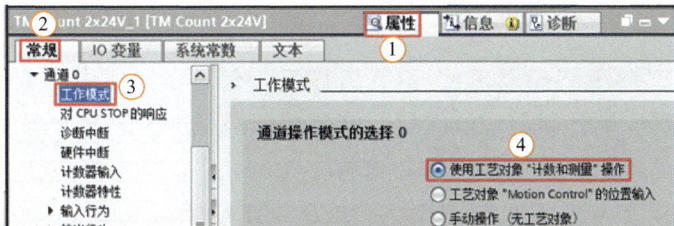

图 5-22 选择高速计数器的工作模式

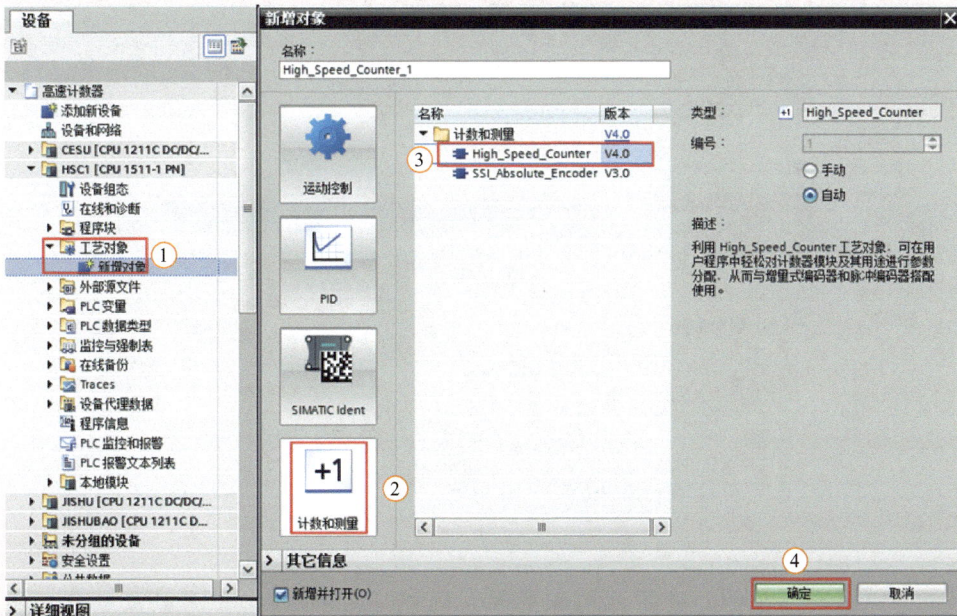

图 5-23 打开工艺组态界面

② 组态基本参数。在工艺对象界面，选中"基本参数"，在模块中，选择"TM Count 2×24V-1"，在通道中，选择"通道 0"，如图 5-24 所示。

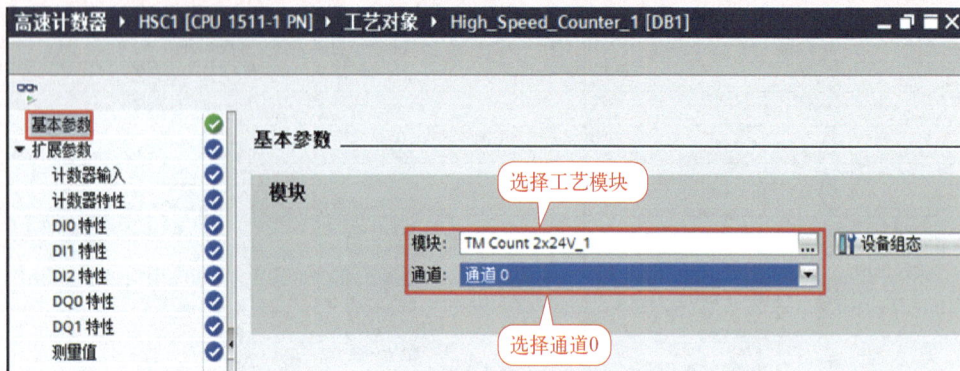

图 5-24　组态基本参数

③ 组态计数器输入。在工艺对象界面，选中"计数器输入"，在信号类型中，选择"增量编码器（A、B、相移）"，在信号评估中，选择"单一"，如选择"双重"则计数值增加 1 倍，在传感器类型中，选择"源型输出"，即编码器输出高电平，在滤波频率中选择"200kHz"，这个值与脉冲频率有关，脉冲频率大，则应选择滤波频率大，如图 5-25 所示。

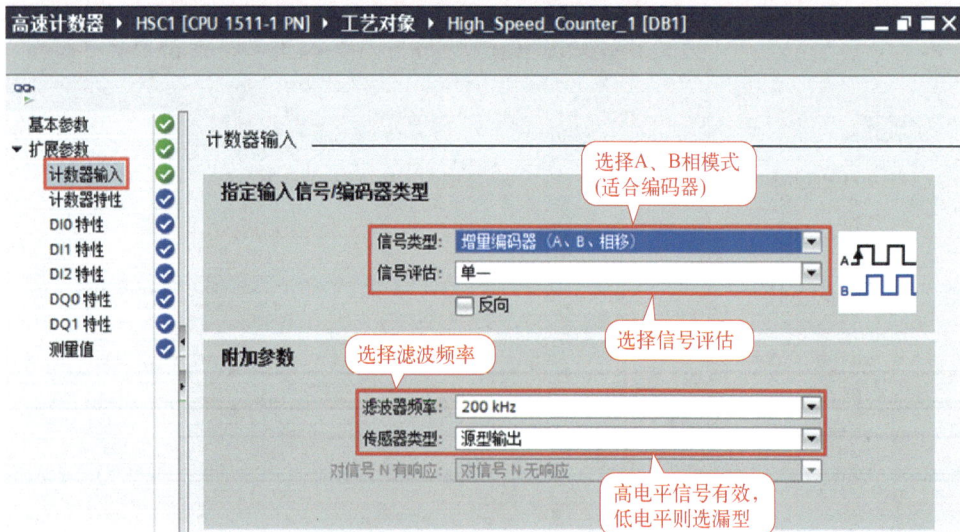

图 5-25　组态计数器输入

④ 组态测量值。在工艺对象界面，选中"测量值"，在测量变量中，选择"速度"，在每个单位的增量中，输入编码器的分辨率／螺距，本例为

"50"（即每 50 脉冲代表 1mm），如图 5-26 所示。

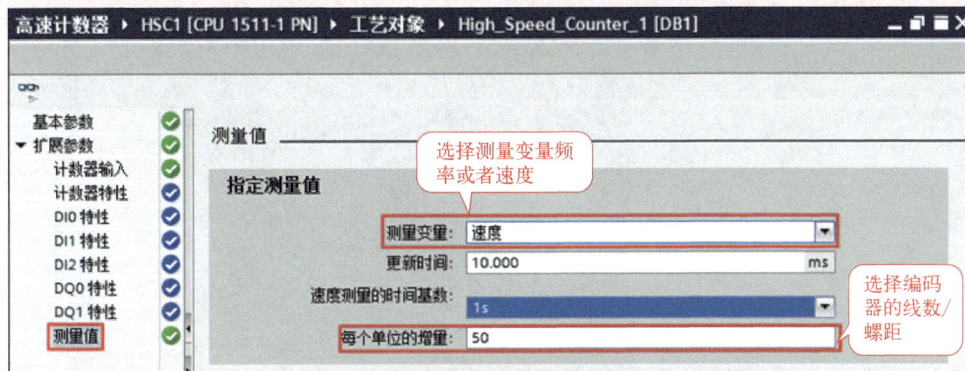

图 5-26　组态测量值

编写程序

打开硬件主程序块 OB1，编写 LAD 程序如图 5-27 所示。

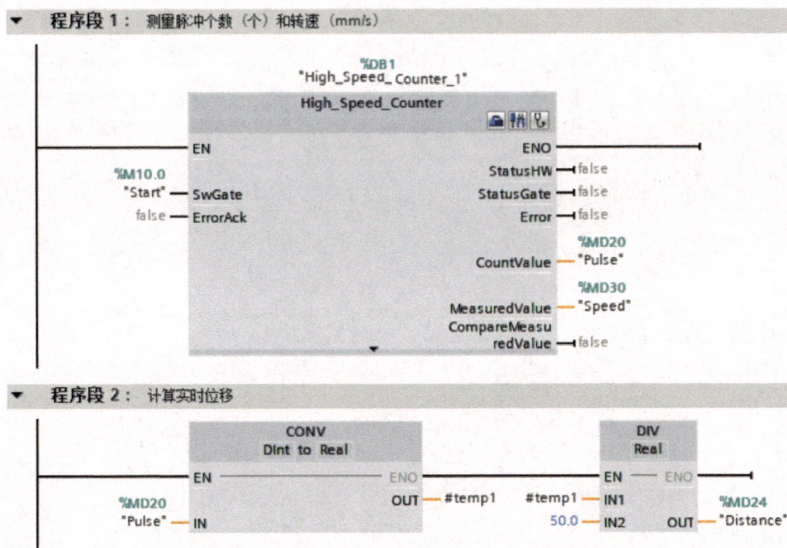

图 5-27　梯形图程序

第 6 章

S7-1200/1500 PLC 的通信应用

本章主要介绍了通信的概念、S7-1200/1500 PLC 的 PROFIBUS 通信、OUC 通信、S7-1200/1500 PLC 的 S7 通信、S7-1200/1500 PLC 的 PROFINET IO 通信和 S7-1200/1500 PLC 的串行通信。本章是 PLC 学习中的重点和难点内容。

6.1　通信基础知识

PLC 的通信包括 PLC 与 PLC 之间的通信、PLC 与上位计算机之间的通信以及和其他智能设备之间的通信。

第 43 讲
通信基本概念

第 44 讲
现场总线介绍

6.2　PROFIBUS 通信及其应用

第 45 讲
S7-1200/1500 PLC 与分布式模块的 PROFIBUS-DP 通信

PROFIBUS 通信概述

PROFIBUS 是 PI 的现场总线通信协议，也是 IEC61158 国际标准中的现场总线标准之一。现场总线 PROFIBUS 满足了生产过程现场级数据可存取性的重要要求，一方面它覆盖了传感器 / 执行器领域的通信要求，另一方面又具有单元级领域所有网络级通信功能。特别在"分散 I/O"领域，由于有大量的、种类齐全、可连接的现场总线可供选用。目前 PROFIBUS 的节点使用数目超过 1 亿个。

（1）PROFIBUS 的结构和类型

从用户的角度看，PROFIBUS 提供三种通信协议类型：PROFIBUS-FMS、PROFIBUS-DP 和 PROFIBUS-PA。

① PROFIBUS-FMS（FieldBUS Message Specification，现场总线报文规范），使用了第一层、第二层和第七层。目前 PROFIBUS-FMS 已经很少使用。S7-1200/1500 中已经不支持它。

② PROFIBUS-DP（Decentralized Periphery，分布式外部设备），使用第一层和第二层，这种精简的结构特别适合数据的高速传送，PROFIBUS-DP 用于

自动化系统中单元级控制设备与分布式 I/O（例如 ET 200）的通信。主站之间的通信为令牌方式（多主站时，确保只有一个起作用），主站与从站之间为主从方式（MS），以及这两种方式的混合。三种方式中，PROFIBUS-DP 应用最为广泛，全球有超过 3000 万的 PROFIBUS-DP 节点。

③ PROFIBUS-PA（Process Automation，过程自动化）用于过程自动化的现场传感器和执行器的低速数据传输，使用扩展的 PROFIBUS-DP 协议。

（2）PROFIBUS 总线和总线终端器

① 总线终端器　PROFIBUS 总线符合 RS-485 标准，RS-485 的传输以半双工、异步、无间隙同步为基础。传输介质可以是光缆或者屏蔽双绞线，电气传输每个 RS-485 网段最多 32 个站点，多余 32 个站点也需要使用中继器。在总线的两端为终端电阻。

② PROFIBUS-DP 电缆　PROFIBUS-DP 电缆是专用的屏蔽双绞线，外层为紫色。外层是紫色绝缘层，编织网防护层主要防止低频干扰，金属箔片层可以防止高频干扰，最里面是 2 根信号线，红色为信号正，接总线连接器的第 8 引脚，绿色为信号负，接总线连接器的第 3 引脚。PROFIBUS-DP 电缆的屏蔽层"双端接地"。

应用举例

用 CPU1516-3PN/DP 作为主站（只能作主站，不能作从站），分布式模块作为从站，通过 PROFIBUS 现场总线，建立与这些模块（如 ET200MP、ET200SP、EM200M 和 EM200B 等）通信，是非常方便的，这样的解决方案多用于分布式控制系统。这种 PROFIBUS 通信，在工程中最容易实现，同时应用也最广泛。

例 6-2　有一台设备，控制系统由 CPU1516-3PN/DP（或者 CPU1211C+CM1243-5）、IM155-5DP、SM521 和 SM522 组成，编写程序实现由主站发出一个起停信号控制从站一个中间继电器的通断。

解：
将 CPU1516-3PN/DP（或者 CPU1211C+CM1243-5）作为主站，将分布式模块作为从站。当 S7-1500 CPU 模块没有 PROFIBUS-DP 接口时，则要配置 CP1542-5/CM1542-5 模块。

主要软硬件配置

① 1 套 TIA Portal V17；
② 1 台 CPU1516-3PN/DP 或 CPU1211C+CM1243-5；

③ 1 台 IM155-5DP；

④ 1 块 SM522 和 SM521；

⑤ 1 根 PROFIBUS 网络电缆（含两个网络总线连接器）；

⑥ 1 根以太网网线。

S7-1500 PLC 和分布式模块进行 PROFIBUS-DP 通信原理图如图 6-5（a）所示。S7-1200 PLC 和分布式模块进行 PROFIBUS-DP 通信原理图如图 6-7（b）所示，必须配置 CM1243-5 主站模块。

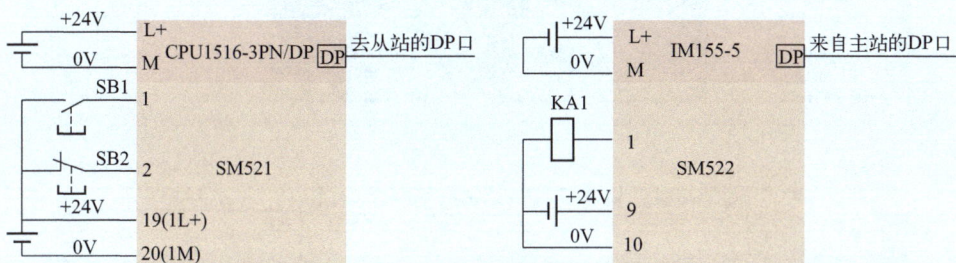

(a) S7-1500 PLC控制

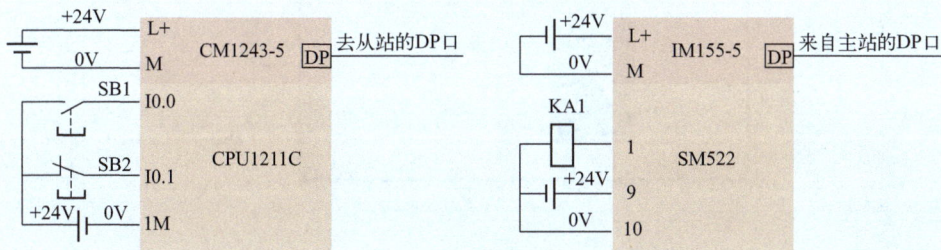

(b) S7-1200 PLC控制

图 6-5　PROFIBUS 现场总线通信 -PLC 和分布式模块原理图

硬件组态

本例的硬件组态采用离线组态方法，也可以采用在线组态方法。

① 新建项目　先打开 TIA Portal 软件，再新建项目，本例命名为"ET200MP"，接着单击"项目视图"按钮，切换到项目视图，如图 6-6 所示。

② 主站硬件配置　如图 6-7 所示，在 TIA Portal 软件项目视图的项目树中，双击"添加新设备"按钮，先添加 CPU 模块"CPU1516-3PN/DP"，配置 CPU 后，再把"硬件目录"→"DI"→"DI16×24VDC BA"→"6ES7 521-1BH10-0AA0"模块拖拽到 CPU 模块右侧的 2 号槽位中，如图 6-8 所示。

③ 配置主站 PROFIBUS-DP 参数　先选中"设备视图"选项卡，再选中紫色的 DP 接口（标号1处），选中"属性"（标号2处）选项卡，再选中

"PROFIBUS 地址"（标号 3 处）选项，再单击"添加新子网"（标号 4 处），弹出"PROFIBUS 地址参数，如图 6-9 所示，保存主站的硬件和网络配置。

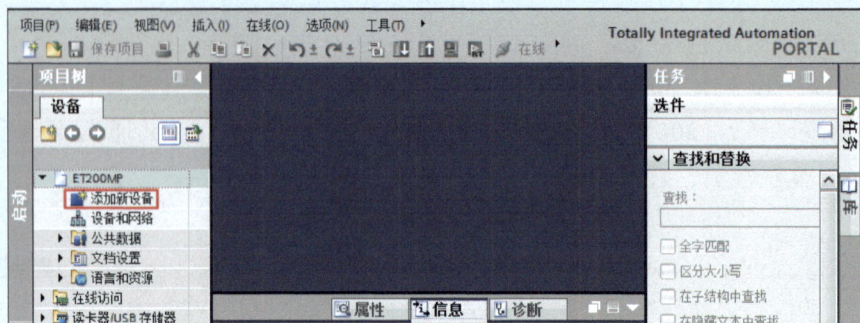

图 6-6　新建项目

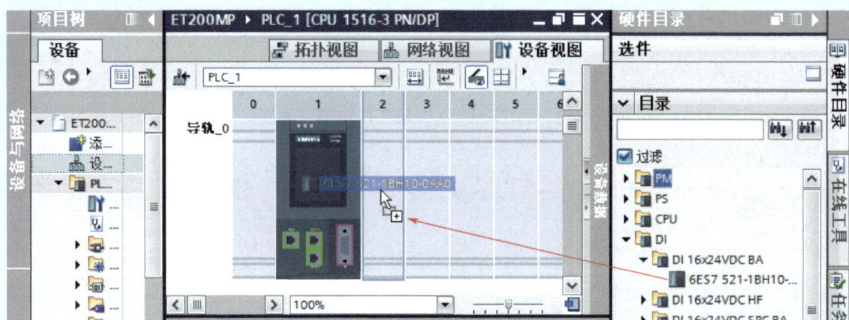

图 6-7　主站硬件配置

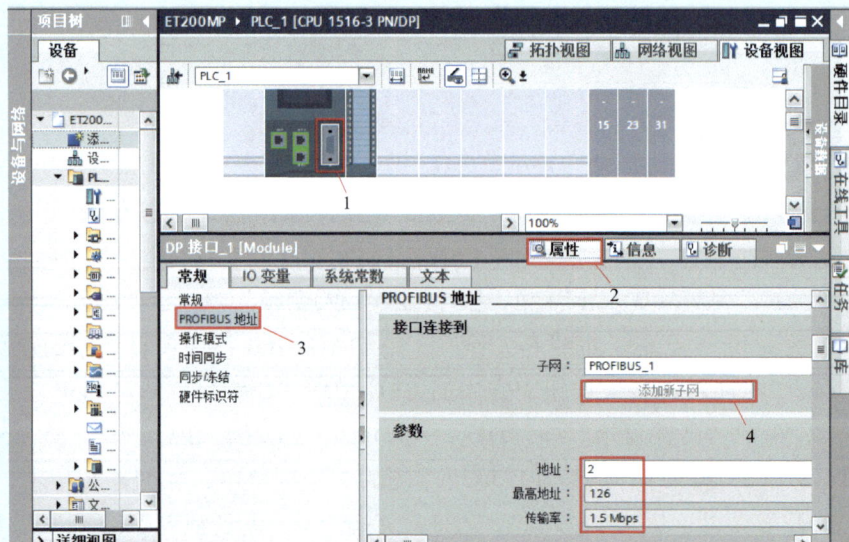

图 6-8　配置主站 PROFIBUS-DP 参数

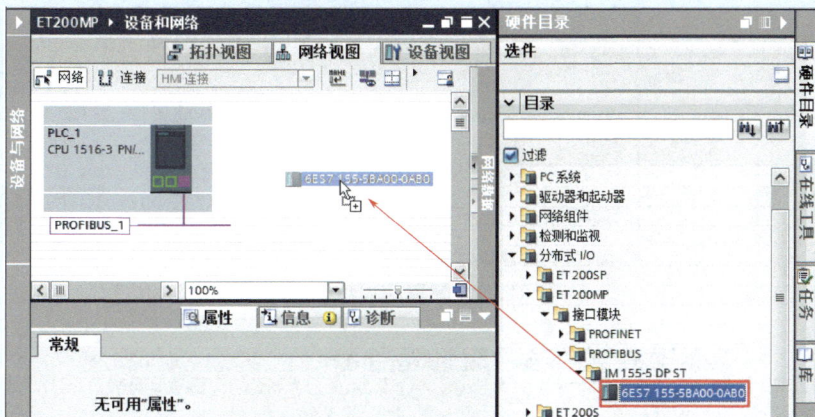

图 6-9　插入 IM155-5 DP 模块

④ **插入 IM155-5 DP 模块**　在 TIA Portal 软件项目视图的项目树中，先选中"网络视图"选项卡，再将"硬件目录"→"分布式 I/O"→"ET200MP"→"接口模块"→"PROFIBUS"→"IM155-5 DP ST"→"6ES7 155-5BA00-0AB0"模块拖拽到如图 6-10 所示的空白处。

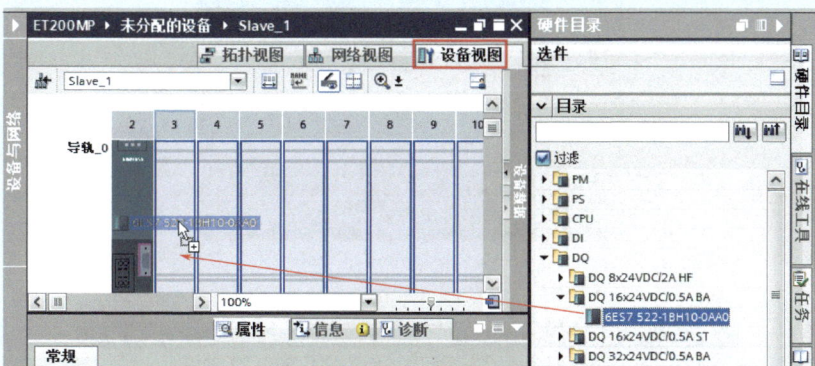

图 6-10　插入数字量输出模块

⑤ **插入数字量输出模块**　先选中 IM155-5 DP 模块，再选中"设备视图"选项卡，再把"硬件目录"→"DQ"→"DQ16×24VDC"→"6ES7 522-1BH10-0AA0"模块拖拽到 IM155-5 DP 模块右侧的 3 号槽位中，如图 6-11 所示。

⑥ **PROFIBUS 网络配置**　先选中"网络视图"选项卡，再选中主站的紫色 PROFIBUS 线，用鼠标按住不放，一直拖拽到 IM155-5 DP 模块的 PROFIBUS 接口处松开，如图 6-12 所示。选中 IM155-5 DP 模块，单击鼠标右键，弹出快捷菜单，单击"分配到新主站"命令，再选中"PLC_1.DP 接口_1"，单击"确定"按钮，如图 6-13 所示。PROFIBUS 网络配置完成，如图 6-14 所示。

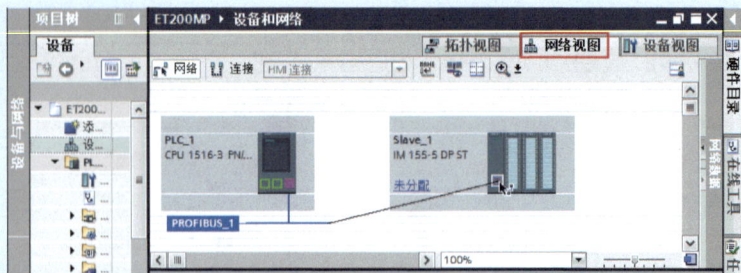

图 6-11　配置 PROFIBUS 网络（1）

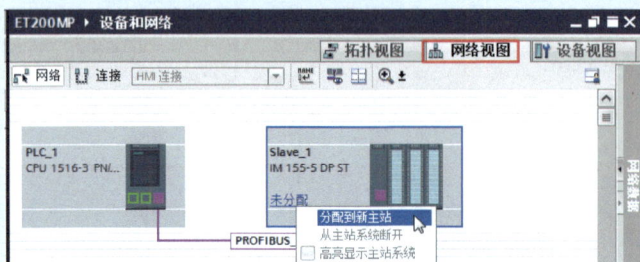

图 6-12　配置 PROFIBUS 网络（2）

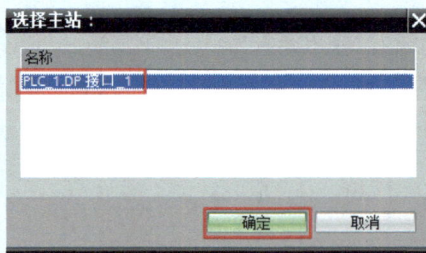

图 6-13　配置 PROFIBUS 网络（3）

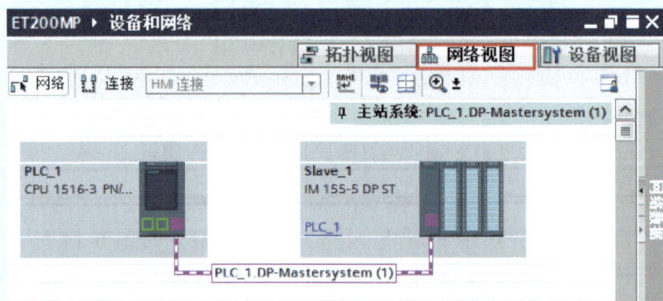

图 6-14　PROFIBUS 网络配置完成

编写程序

　　如图 6-15 所示，在项目视图中查看数字量输入模块的地址（IB0 和

IB1，此地址可修改），这个地址必须与程序中的地址匹配，用同样的方法查看输出模块的地址（QB2 和 QB3，此地址可修改）。只需要对主站编写程序，主站的梯形图程序如图 6-16 所示。

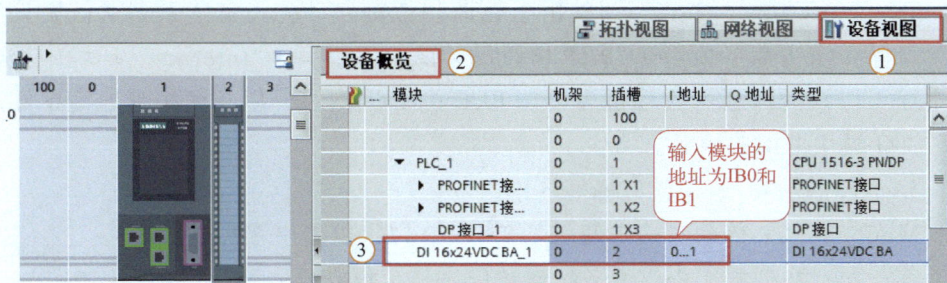

图 6-15　梯形图（1）

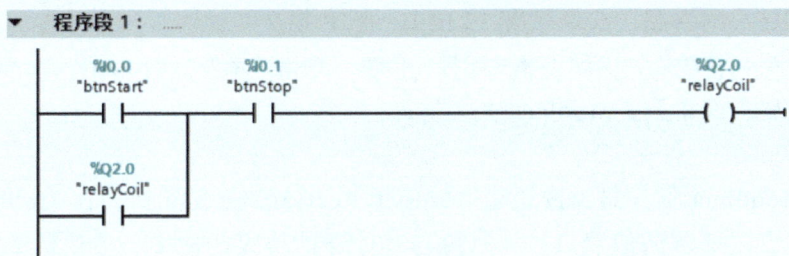

图 6-16　梯形图（2）

6.3　S7-1200/1500 PLC 的工业以太网通信及其应用

第 46 讲

工业以太网介绍

第 47 讲

S7-1200/1500 PLC 与埃夫特机器人之间的 Modbus-TCP 通信应用

Modbus-TCP 通信基础

Modbus-TCP 通信是非实时通信。西门子的 PLC、变频器等产品之间的通信一般不采用 Modbus-TCP 通信，Modbus-TCP 通信通常用于西门子 PLC 与第三方支持 Modbus-TCP 通信协议的设备，典型的应用如：西门子 PLC 与施耐德的 PLC 的通信、西门子 PLC 与自主品牌机器人、机器视觉等的通信。

TCP 是简单的、中立厂商的用于管理和控制自动化设备的系列通信协议的派生产品，它覆盖了使用 TCP/IP 协议的"Intranet"和"Internet"环境中报文的用途。协议的最通用用途是为诸如 PLC 的 I/O 模块，以及连接其他简单域总线或 I/O 模块的网关服务。

（1）TCP 的以太网参考模型

Modbus-TCP 传输过程中使用了 TCP/IP 以太网参考模型的 5 层：

第一层：物理层，提供设备物理接口，与市售介质 / 网络适配器相兼容。

第二层：数据链路层，格式化信号到源 / 目硬件址数据帧。

第三层：网络层，实现带有 32 位 IP 址 IP 报文包。

第四层：传输层，实现可靠性连接、传输、查错、重发、端口服务、传输调度。

第五层：应用层，Modbus 协议报文。

（2）Modbus-TCP 使用的通信资源端口号

在 Moodbus 服务器中按缺省协议使用 Port 502 通信端口，在 Modbus 客户器程序中设置任意通信端口，为避免与其他通信协议的冲突一般建议 2000 开始可以使用。

S7-1200/1500 PLC 与埃夫特机器人之间的 Modbus-TCP 通信应用

自主品牌的机器人有埃斯顿、埃夫特、汇川和新时达等，部分品牌的销量已经跻身中国市场前十名，打破了国外品牌的长期垄断。埃夫特机器人是国产机器人的佼佼者，其性能已经在工业应用中得到了验证。自主品牌机器人通常兼容 Modbus-TCP 通信，因此 S7-1200/1500 PLC 与埃夫特机器人的 Modbus-TCP 通信具有代表性。

以下用一个例子介绍 S7-1200/1500 PLC 与埃夫特机器人之间的 Modbus-TCP 通信应用。PLC 作为客户端是主控端，而机器人是服务器，是被控端。

例 6-3 用一台 CPU1511T-1PN 与埃夫特机器人通信（Modbus-TCP），当机器人收到信号 100 时机器人起动，并按照机器人设定的程序运行。要求设计解决方案。

解：

硬件配置

① **新建项目**　先打开 TIA Portal 软件，再新建项目，本例命名为"Modbus_TCP"，再添加"CPU1511T-1PN"和"SM521"模块，如图 6-17 所示。

> **注意**
> S7-1200 PLC 与埃夫特机器人之间的 Modbus-TCP 通信，仅硬件组态时组态成 S7-1200 PLC 即可，其余步骤与 S7-1500 PLC 完全相同。

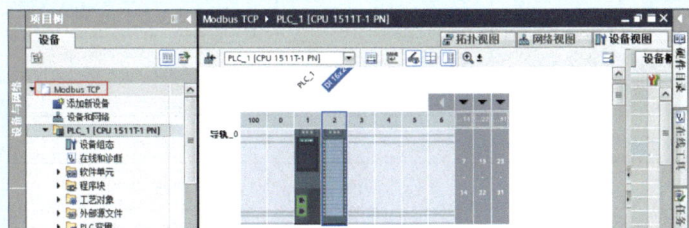

图 6-17　新建项目

② **新建数据块**　在项目树的 PLC_1 中，单击"添加新块"按钮，如图 6-18 所示的界面，新建数据块 DB1 和 DB2。在数据块 DB1 中，创建变量即 DB1.Signal，其数据类型为"Word"，其起始值为 100，并将数据块的属性改为"非优化访问"。在数据块 DB2 中，创建变量即 DB2.Send，其数据类型为"TCON_IP_V4"，其起始值按照如图 6-19 所示进行设置。

> **注意**
> 数据块创建或修改完成后，需进行编译。

图 6-18　数据块 DB1

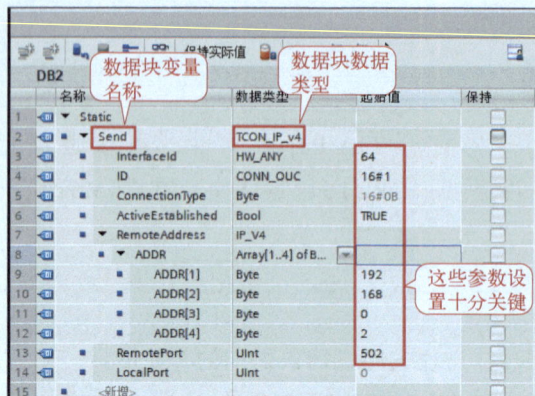

图 6-19 新建项目

图 6-19 中的参数含义见表 6-3。

表 6-3 客户端"TCON_IP_v4"的数据类型的各参数设置

序号	TCON_IP_V4 数据类型 管脚定义	含义	本例中的情况
1	InterfaceId	接口，固定为 64	64
2	ID	连接 ID，每个连接必须独立	1
3	ConnectionType	连接类型，TCP/IP=16#0B; UDP=16#13	16#0B
4	ActiveEstablished	是否主动建立连接，True= 主动	True
5	RemoteAddress	通信伙伴 IP 地址	192.168.0.2
6	RemotePort	通信伙伴端口号	502
7	LocalPort	本地端口号，设置为 0 将由软件自己创建	0

编写客户端程序

① 编写客户端的程序前 先要掌握"MB_CLIENT"，其参数含义见表 6-4。

表 6-4 "MB_CLIENT"的参数管脚含义

序号	"MB_CLIENT" 的管脚参数	参数类型	数据类型	含义
1	REQ	输入	BOOL	对 Modbus TCP 服务的 Modbus 查询，REQ=1 发送通信请求。仅当 DISCONNECT=0 和活动作业已经完成，才会激活新的作业 1：断开通信连接，0：建立连接

序号	"MB_CLIENT"的管脚参数	参数类型	数据类型	含义
2	DISCONNECT	输入	BOOL	1：断开通信连接，0：建立连接
3	MB_MODE	输入	USINT	选择 Modbus 请求模式（0= 读取、1= 写入或诊断）
4	MB_DATA_ADDR	输入	UDINT	由 "MB_CLIENT" 指令所访问数据的起始地址
5	MB_DATA_LEN	输入	UINT	数据长度：数据访问的位数或字数
6	DONE	输出	BOOL	只要最后一个作业成功完成，立即将输出参数DONE 的位置位为 "1"
7	BUSY	输出	BOOL	0：无 Modbus 请求在进行中；1：正在处理Modbus 请求
8	ERROR	输出	BOOL	0：无错误；1：出错。出错原因由参数STATUS 指示
9	STATUS	输出	WORD	指令的详细状态信息

"MB_CLIENT" 中 MB_MODE、MB_DATA_ADDR 的组合可以定义消息中所使用的功能码及操作地址，见表 6-5。

表 6-5　通信对应的功能码及地址

MB_MODE	MB_DATA_ADDR	功能	功能和数据类型
0	起始地址：1 ～ 9999	01	读取输出位
0	起始地址：10001 ～ 19999	02	读取输入位
0	起始地址： 40001 ～ 49999 400001 ～ 465535	03	读取保持存储器
0	起始地址：30001 ～ 39999	04	读取输入字
1	起始地址：1 ～ 9999	05	写入输出位
1	起始地址： 40001 ～ 49999 400001 ～ 46553	06	写入保持存储器
1	起始地址：1 ～ 9999	15	写入多个输出位
1	起始地址： 40001 ～ 49999 400001 ～ 46553	16	写入多个保持存储器

② 编写完整梯形图程序　如图 6-20 所示，当 REQ 为 1（即 I0.0=1），MB_MODE=1 和 MB_DATA_ADDR=40001 时，客户端把 DB1.DBW0 的数据向机器人传送。

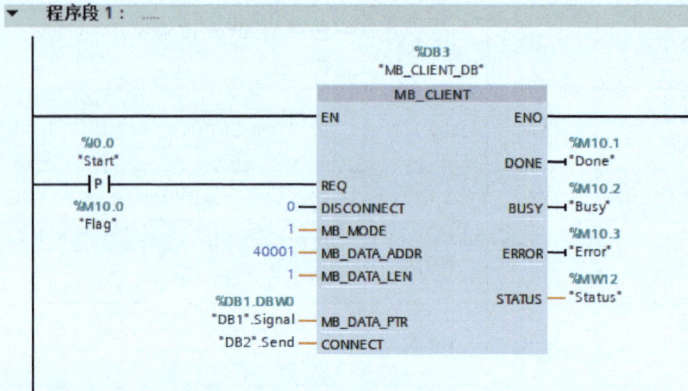

图 6-20　客户端的程序

编写埃夫特机器人程序

PLC 与埃夫特机器人地址的对应关系见表 6-6。

表 6-6　PLC 与埃夫特机器人地址的对应关系

序号	PLC 发送地址	机器人接收地址
1	40001	ER_ModbusGet.IIn[0]
2	40002	ER_ModbusGet.IIn[1]
3	40003	ER_ModbusGet.IIn[2]
4	40004	ER_ModbusGet.IIn[3]

以下是一段简单的程序，当机器人接收到数据 100 后，从点 cp0 运行到 ap0。

```
WHILE TRUE DO
    IF IoIIn[0] = 100 THEN
        Lin（cp0）
        PTP（ap0）
        WaitIsFinished（ ）
        IoIOut[2] := 200
    END_IF
END_WHILE
```

> **注意**　本例中，机器人的 IP 地址要设置为 192.68.0.2，端口号设为 502。通常 Modbus 通信，端口号设为 502。

第 48 讲

S7-1500 PLC 与 S7-1200 PLC 之间的 S7 通信应用

S7 通信简介

S7 通信（S7 Communication）集成在每一个 SIMATIC S7/M7 和 C7 的系统中，属于 OSI 参考模型第 7 层应用层的协议，它独立于各个网络，可以应用于多种网络（MPI、PROFIBUS、工业以太网）。S7 通信通过不断地重复接收数据来保证网络报文的正确。在 SIMATIC S7 中，通过组态建立 S7 连接来实现 S7 通信。在 PC 上，S7 通信需要通过 SAPI-S7 接口函数或 OPC（过程控制用对象链接与嵌入）来实现。

S7 通信的客户端是主控端，服务器是被控端。

指令说明

使用 GET 和 PUT 指令，通过 PROFINET 和 PROFIBUS 连接，创建 S7 CPU 通信。

（1）PUT 指令

控制输入 REQ 的上升沿起动 PUT 指令，使本地 S7 CPU 向远程 S7 CPU 中写入数据。PUT 指令输入 / 输出参数见表 6-7。

表 6-7　PUT 指令的参数表

LAD	SCL	输入 / 输出	说　明
PUT Remote - Variant EN　　ENO REQ　　DONE ID　　ERROR ADDR_1　STATUS SD_1	"PUT_DB"(req:=_bool_in_, ID:=_word_in_, ndr=>_bool_out_, error=>_bool_out_, STATUS=>_word_out_,	EN	使能

续表

LAD	SCL	输入 / 输出	说 明
		REQ	上升沿启动发送操作
		ID	S7 连接号
	addr_1:=_remote_inout_,	ADDR_1	指向接收方的地址的指针。该指针可指向任何存储区
	[...addr_4:=_remote_inout_,]	SD_1	指向本地 CPU 中待发送数据的存储区
	sd_1:=_variant_inout_ [...sd_4:=_variant_inout_]）;	DONE	• 0：请求尚未启动或仍在运行 • 1：已成功完成任务
		STATUS	故障代码
		ERROR	是否出错；0 表示无错误，1 表示有错误

（2）GET 指令

使用 GET 指令从远程 S7 CPU 中读取数据。读取数据时，远程 CPU 可处于 RUN 或 STOP 模式下。GET 指令输入 / 输出参数见表 6-8。

表 6-8　GET 指令的参数表

LAD	SCL	输入 / 输出	说 明
		EN	使能
		REQ	通过由低到高的（上升沿）信号起动操作
	"GET_DB"(	ID	S7 连接号
	req:=_bool_in_,	ADDR_1	指向远程 CPU 中存储待读取数据的存储区
	ID:=_word_in_, ndr=>_bool_out_,	RD_1	指向本地 CPU 中存储待读取数据的存储区
	error=>_bool_out_, STATUS=>_word_out_, addr_1:=_remote_inout_,	DONE	• 0：请求尚未起动或仍在运行 • 1：已成功完成任务
	[...addr_4:=_remote_inout_,]	STATUS	故障代码
	rd_1:=_variant_inout_ [...rd_4:=_variant_inout_]）;	NDR	新数据就绪： •0：请求尚未起动或仍在运行 •1：已成功完成任务
		ERROR	是否出错；0 表示无错误，1 表示有错误

> **注意**
>
> ① S7 通信是西门子公司产品的专用保密协议，不与第三方产品（如三菱 PLC）通信，是非实时通信。
>
> ② 与第三方 PLC 进行以太网通信常用 OUC（开放用户通信，包括 TCP、UDP 和 ISO_on_TCP 等），是非实时通信。

S7 通信应用

在工程中，西门子 CPU 模块之间的通信，采用 S7 通信比较常见，例如立体仓库中用了多台 S7-1200 CPU 模块，多采用 S7 通信。以下用一个例子介绍 S7-1500 PLC 与 S7-1200 PLC 之间的 S7 通信。

例 6-4 有两台设备，要求从设备 1 上的 CPU 1511T-1PN 的 MB10 发出 1 个字节到设备 2 的 CPU 1211C 的 MB10，从设备 2 上的 CPU 1211C 的 IB0 发出 1 个字节到设备 1 的 CPU 1511T-1PN 的 QB0。

解：

软硬件配置

本例用到的软硬件如下。

① 1 台 CPU 1511T-1PN 和 1 台 CPU1211C。

② 1 台 4 口交换机。

③ 2 根带 RJ45 接头的屏蔽双绞线（正线）。

④ 1 台个人电脑（含网卡）。

⑤ 1 套 TIA Portal V17。

硬件组态过程

本例的硬件组态采用在线组态方法，也可以采用离线组态方法。

① **新建项目** 先打开 TIA Portal，再新建项目，本例命名为"S7_1500to1200"，接着单击"项目视图"按钮，切换到项目视图，如图 6-21 所示。

② **S7-1500 硬件配置** 如图 6-21 所示，在 TIA Portal 软件项目视图的项目树中，双击"添加新设备"按钮，弹出如图 6-22 所示的界面，按图进行设置，最后单击"确定"按钮，弹出如图 6-23 所示的界面，单击"获取"，弹出如图 6-24 所示的界面，选中网口和有线网卡（标记"1"处），单击"开始搜索"按钮，选中搜索到的"plc_1"，单击"检测"按钮，检测出在线的

硬件组态。当有硬件时，在线组态既快捷又准确，当没有硬件时，则只能用
离线组态方法。

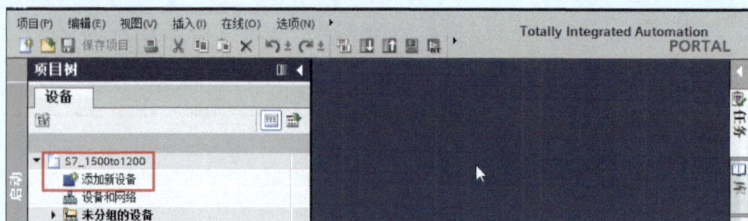

图 6-21　新建项目

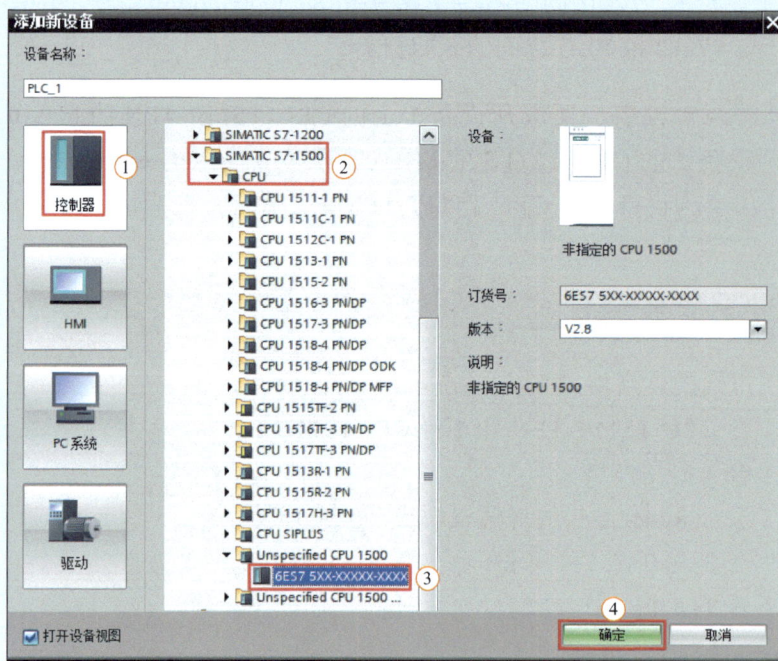

图 6-22　硬件检测（1）

图 6-23　硬件检测（2）

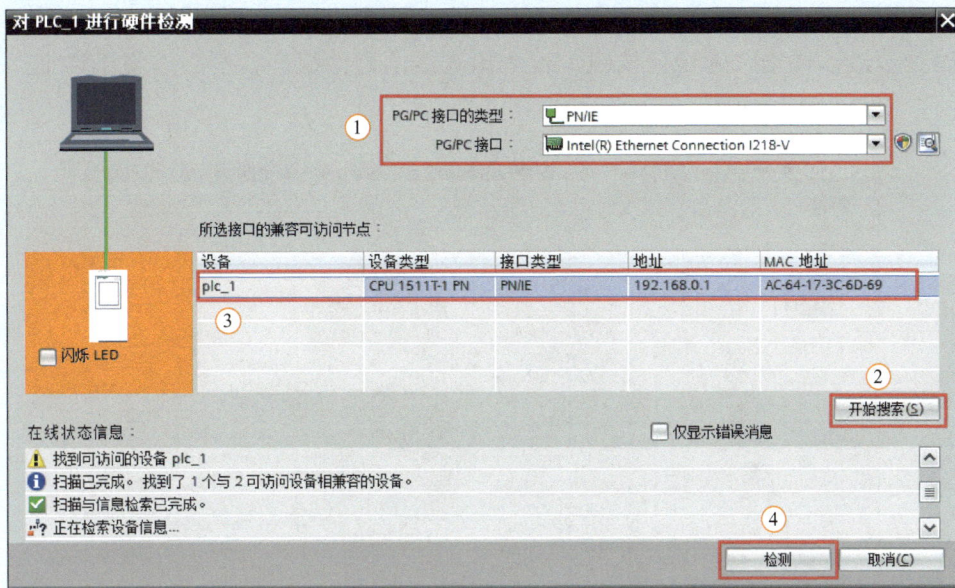

图 6-24　硬件检测（3）

③ 启用"系统和时钟存储器"　先选中 PLC_1 的 "设备视图"选项卡（标号1处），再选中常规选项卡中的"系统和时钟存储器"（标号5处）选项，勾选"启用时钟存储器字节"，如图 6-25 所示。

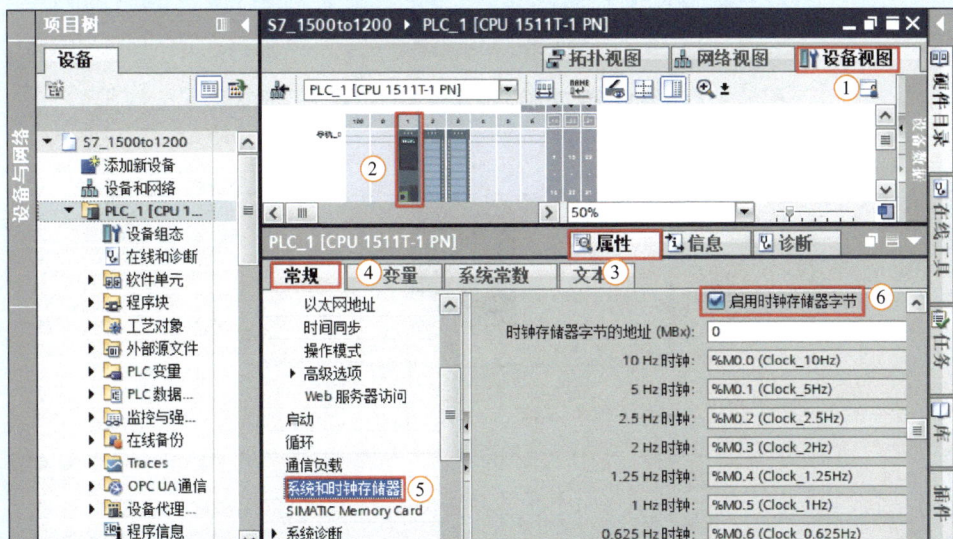

图 6-25　启用时钟存储器字节

④ S7-1200 硬件配置　如图 6-23 所示，在 TIA Portal 软件项目视图的

项目树中，双击"添加新设备"按钮，弹出如图 6-26 所示的界面，按图进行设置，最后单击"确定"按钮，检测出在线的硬件组态，检测过程不详细介绍，检测完成后如图 6-27 所示。

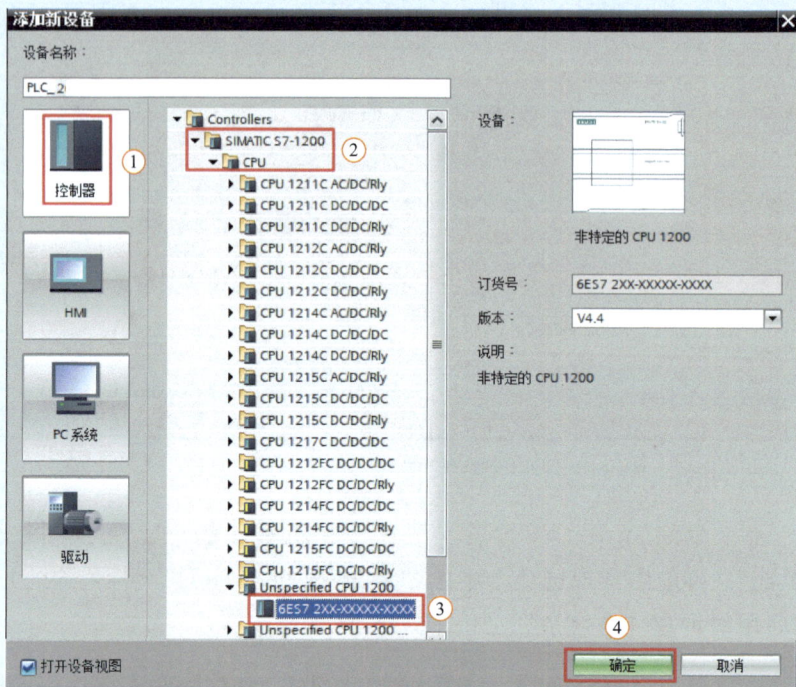

图 6-26　硬件检测（1）

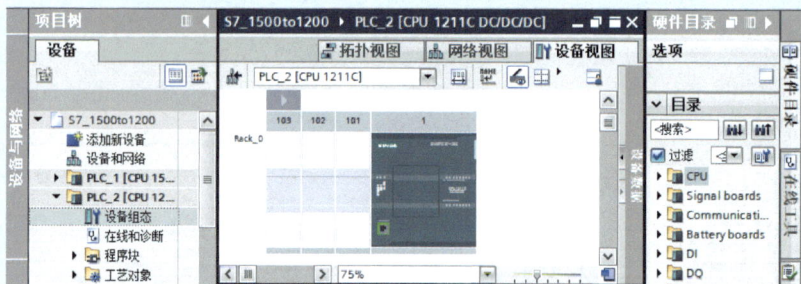

图 6-27　硬件检测（2）

⑤ **建立以太网连接**　选中"网络视图"，再用鼠标把 PLC_1 的 PN（绿色）选中并按住不放，拖拽到 PLC_2 的 PN 口释放鼠标，如图 6-28 所示。

⑥ **调用函数块 PUT 和 GET**　在 TIA Portal 软件项目视图的项目树中，打开"PLC_1"的主程序块，再选中"指令"→"S7 通信"，再将"PUT"和"GET"拖拽到主程序块，如图 6-29 所示。

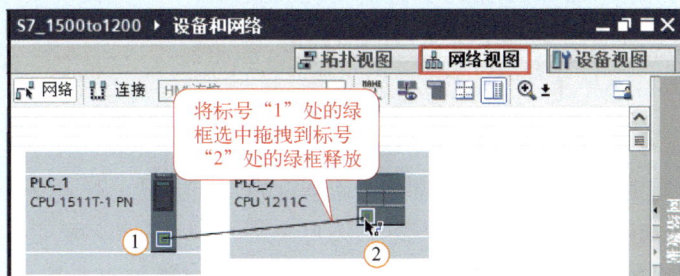

图 6-28　建立以太网连接

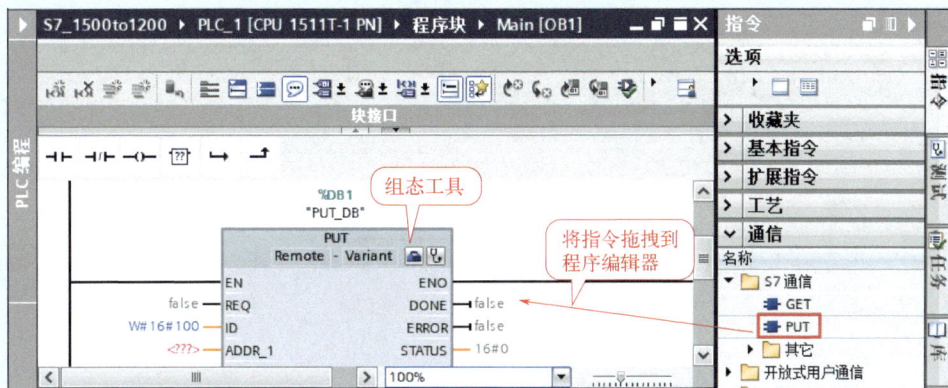

图 6-29　调用函数块 PUT 和 GET

　　⑦ 配置客户端连接参数　选中"属性"→"连接参数"，如图 6-30 所示。先选择伙伴为"PLC_2"，其余参数选择默认生成的参数。

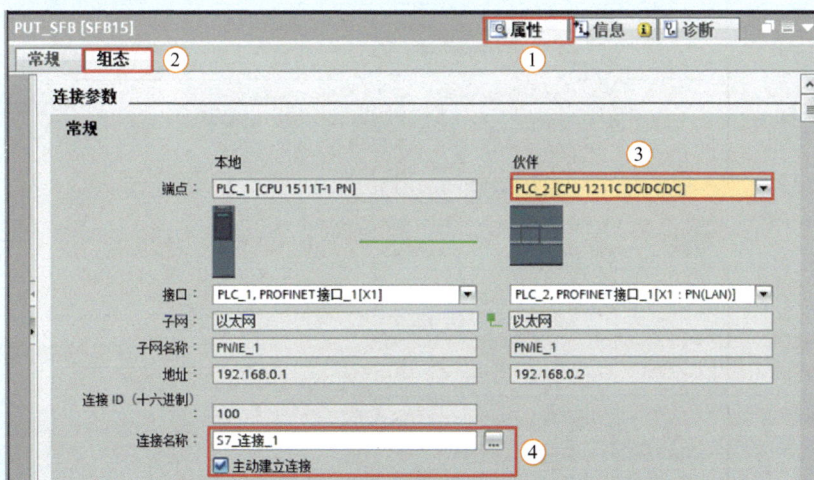

图 6-30　配置连接参数

⑧ **更改连接机制** 选中"属性"→"常规"→"保护"→"连接机制"，如图 6-31 所示，勾选"允许来自远程对象"，服务器和客户端都要进行这样的更改。

> **注意** 这一步很容易遗漏，如遗漏则不能建立有效的通信。顺便指出 MCGS 的触摸屏与 S7-1200/1500 的以太网通信、OPC 与 S7-1200/1500 的以太网通信均需要做图 6-32 所示的设置。

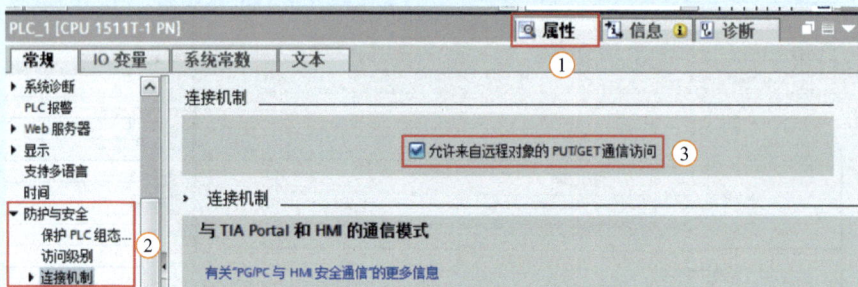

图 6-31　更改连接机制

⑨ **编写程序** 客户端的梯形图程序如图 6-32 所示，服务器无需编写程序，这种通信方式称为单边通信。

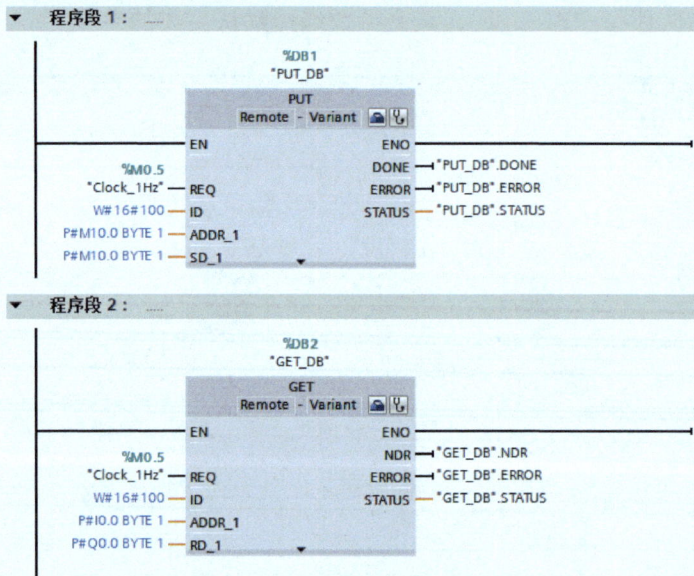

图 6-32　客户端的梯形图程序

第49讲

S7-1200/1500 PLC 与分布式模块 ET200SP 之间的 PROFINET 通信

PROFINET IO 简介

PROFINET IO 通信主要用于模块化、分布式控制，通过以太网直接连接现场设备（IO-Device）。PROFINET IO 通信是全双工点到点方式通信。一个 IO 控制器（IO-Controller）最多可以和 512 个 IO 设备进行点到点通信，按照设定的更新时间双方对等发送数据。一个 IO 设备的被控对象只能被一个控制器控制。在共享 IO 控制设备模式下，一个 IO 站点上不同的 IO 模块、同一个 IO 模块中的通道都可以被最多 4 个 IO 控制器共享，但输出模块只能被一个 IO 控制器控制，其他控制器可以共享信号状态信息。

由于访问机制是点到点的方式，S7-1200/1500 PLC 的以太网接口可以作为 IO 控制器连接 IO 设备，又可以作为 IO 设备连接到上一级控制器。

PROFINET IO 的特点

① 现场设备（IO-Devices）通过 GSD 文件的方式集成在 TIA Portal 软件中，其 GSD 文件以 XML 格式形式保存。

② PROFINET IO 控制器可以通过 IE/PB LINK（网关）连接到 PROFIBUS-DP 从站。

PROFINET IO 三种执行水平

（1）非实时数据通信（NRT）

PROFINET 是工业以太网，采用 TCP/IP 标准通信，响应时间为 100ms，用于工厂级通信。组态和诊断信息、上位机通信时可以采用。

（2）实时（RT）通信

对于现场传感器和执行设备的数据交换，响应时间约为 5～10ms 的时间（DP 满足）。PROFINET 提供了一个优化的、基于第二层的实时通道，解决了实时性问题。

PROFINET 的实时数据优先级传递，标准的交换机可保证实时性。

（3）等时同步实时（IRT）通信

在通信中，对实时性要求较高的是运动控制。这种通信 100 个节点以下要求响应时间是 1ms，抖动误差不大于 1μs。等时同步实时数据传输需要特殊交换机（如 SCALANCEX-200 IRT）。

PROFINET IO 应用

在通信中，对实时性要求最高的是运动控制。100 个节点以下要求响应时间是 1ms，抖动误差不大于 1μs。等时数据传输需要特殊交换机（如 SCALANCE X-200 IRT）。

例 6-5 用 S7-1500 PLC 与分布式模块 ET200SP，实现 PROFINET 通信。某系统的控制器有 CPU1511T -1PN、IM155-6PN、SM521 和 SM522 组成，要用 CPU1511T -1PN 上的 2 个按钮控制，远程站上的一台电动机的起停。

解：

（1）设计电气原理图

本例用到的软硬件如下：

a. 1 台 CPU1511T-1PN。

b. 1 台 IM155-6PN。

c. 1 台 SM521 和 SM522。

d. 1 台个人电脑（含网卡）。

e. 1 套 TIA Portal V17。

f. 1 根带 RJ45 接头的屏蔽双绞线（正线）。

电气原理图如图 6-33 所示。以太网口 X1P1 由网线连接。控制器采用 S7-1200PLC 时，仅硬件组态不同。

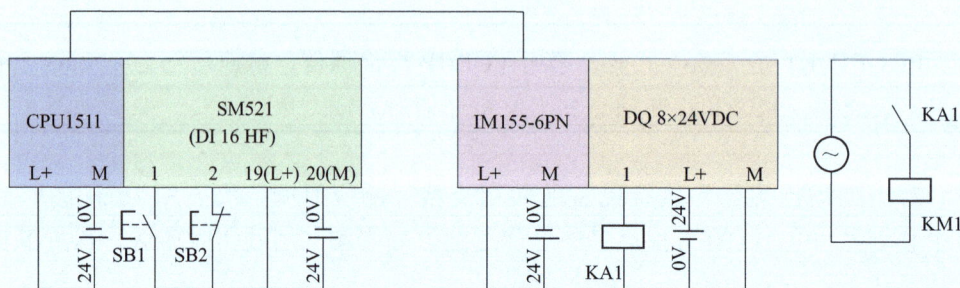

图 6-33　电气原理图

（2）编写控制程序

① **新建项目** 打开 TIA Portal，再新建项目，本例命名为"ET200SP"，单击"项目视图"按钮，切换到项目视图。

② **硬件配置** 在 TIA Portal 软件项目视图的项目树中，双击"添加新设备"按钮添加 CPU 模块，如图 6-34 所示。

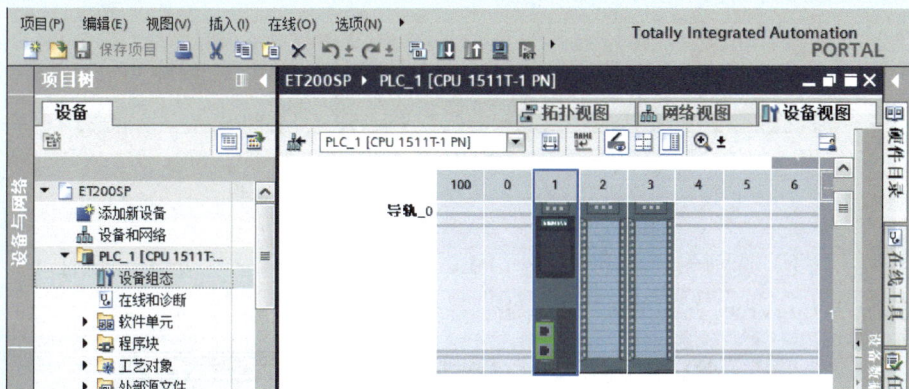

图 6-34　硬件配置

③ **在线检测 IM155-6 PN 模块** 在 TIA Portal 软件项目视图的项目树中，单击"在线"→"硬件检测"→"网络中的 PROFINET 设备"，如图 6-35 所示，弹出如图 6-36 所示的界面，先选中网口和有线网卡，单击"开始搜索"按钮，勾选检测到的需要使用的设备（本例为 io1），单击"添加设备按钮"，io1 设备被添加到网络视图中。

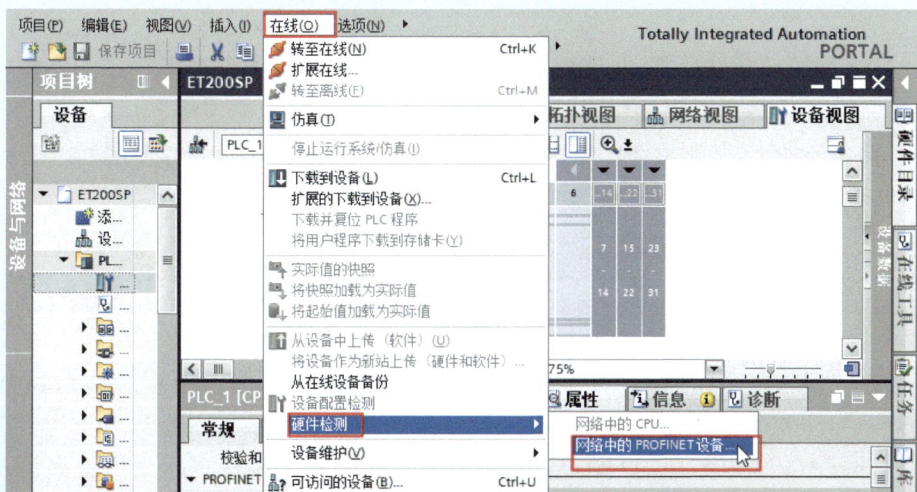

图 6-35　在线检测 IM155-6 PN 模块（1）

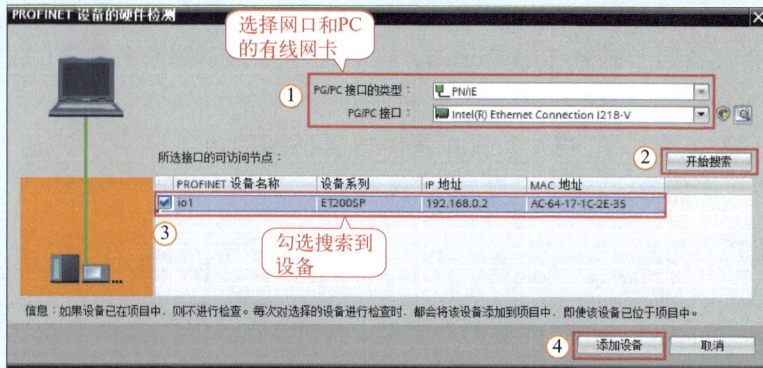

图 6-36　在线检测 IM155-6 PN 模块（2）

④ **建立 IO 控制器（本例为 CPU 模块）与 IO 设备的连接**　选中"网络视图"（1 处）选项卡，再用鼠标把 PLC_1 的 PN 口（2 处）选中并按住不放，拖拽到 IO device_1 的 PN 口（3 处）释放鼠标，如图 6-37 所示。

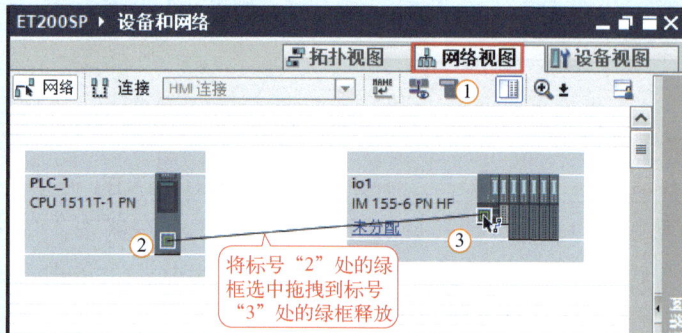

图 6-37　建立 IO 控制器与 IO 设备站的连接

⑤ **启用电位组，查看数字量输出模块地址**　在"设备视图"中，选中模块（标号"2"处），再选中"电位组"中的"启用新的电位组"。注意所有的浅色底板都要启用电位组。数字量输出模块的地址为 QB2，如图 6-38 所示，编写程序时，要与此处的地址匹配。

⑥ **分配 IO 设备名称**　在线组态一般不需要分配 IO 设备名称，通常离线组态需要此项操作。选中"网络视图"选项卡，再用鼠标选中 PROFINET 网络（2 处），右击鼠标，弹出快捷菜单，如图 6-39 所示，单击非"分配设备名称"命令。如图 6-40 所示。单击"更新列表"按钮，系统自动搜索 IO 设备，当搜索到 IO 设备后，再单击"分配名称"按钮。

分配 IO 设备名称的目的是确保组态时的设备名称与实际的设备名称一致，或者用于按照设计要求修改设备名。

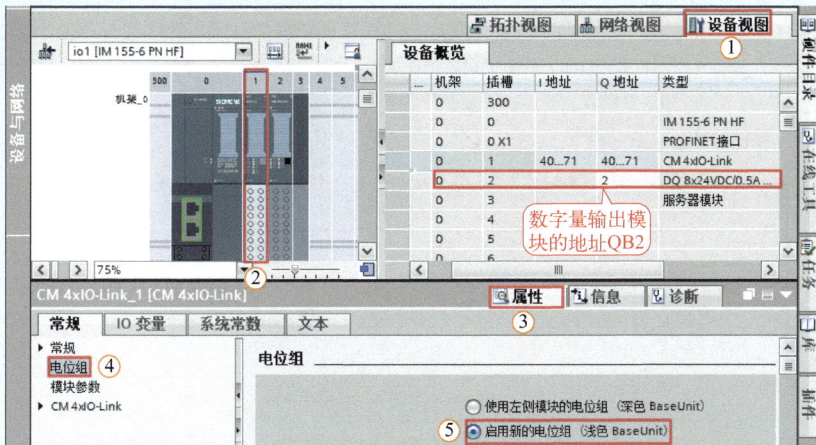

图 6-38　启用电位组，查看数字量输出模块地址

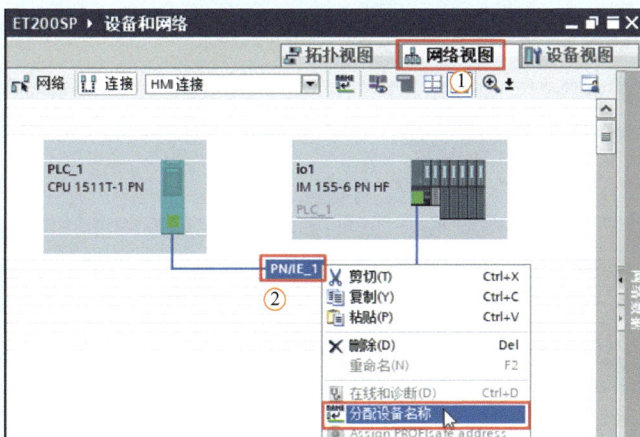

图 6-39　分配 IO 设备名称（1）

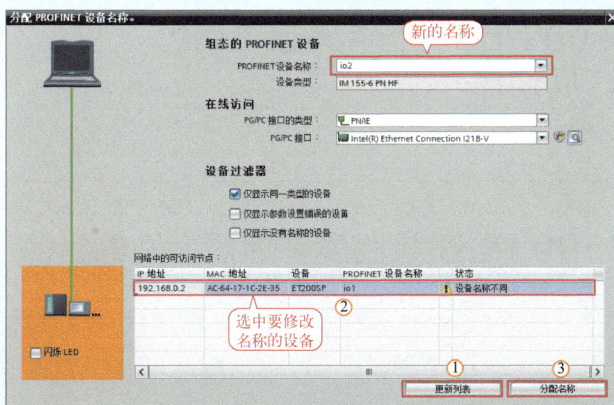

图 6-40　分配 IO 设备名称（2）

⑦ 编写程序 只需要在 IO 控制器（CPU 模块）中编写程序，如图 6-43 所示，而 IO 设备（本项目模块无 CPU，也无法编写程序）中并不需要编写程序。

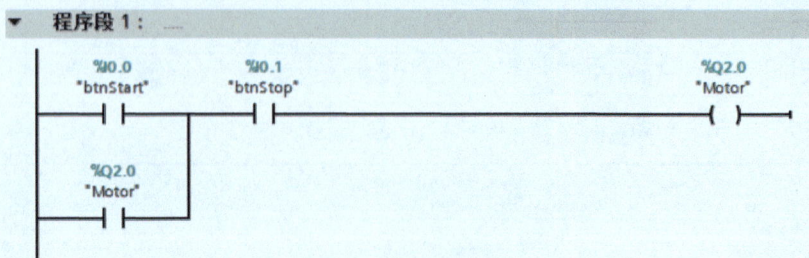

图 6-41　IO 控制器中的程序

任务小结

（1）用 TIA Portal 软件进行硬件组态时，使用拖拽功能，能大幅提高工程效率，必须学会。

（2）在下载程序后，如发现总线故障（BF 灯红色），一般情况是组态时，程序中 IO 设备的设备名或 IP 地址与实际设备中的不一致。此时，需要重新分配 IP 地址或设备名。

（3）分配 IO 设备的设备名和 IP 地址，应在线完成，也就是说必须有在线的硬件设备。

6.4　串行通信及其应用

第 50 讲

S7-1200/1500 PLC 与温度仪表之间的 Modbus-RTU 通信

第 51 讲

S7-1200/1500 PLC 与温度传感器之间的 IO-Link 通信

第 7 章

S7-1200/1500 PLC 的运动控制及其应用

PLC 工艺功能包括高速输入、高速输出和 PID 功能，工艺功能是 PLC 学习中的难点内容。学习本章掌握利用 PLC 的高速输出点控制步进驱动系统的位置控制。本章是 PLC 晋级的关键。

7.1 S7-1200/1500 PLC 的运动控制基础

第 52 讲
步进驱动系统工作原理

第 53 讲
S7-1200/1500 PLC 运动控制指令介绍

第 54 讲
S7-1200/1500 PLC 回参考点指令及其应用

7.2 S7-1200/1500 PLC 的运动控制及其应用

第 55 讲
S7-1200/1500 PLC 对步进驱动系统的速度控制（高速脉冲）——物料搅拌机

例 7-1 物料搅拌机上有一套步进驱动系统，步进电动机的步距角为 1.8°（200 脉冲转一圈），控制要求为：当压下 SB1 按钮，以 200r/min 速度旋转 10s，停 1s，以 100r/min 速度旋转 10s，停 1s，如此循环，当压下停止按钮 SB2 停止运行。要求设计原理图和控制程序。

解：

主要软硬件配置

① 1 套 TIA Portal V17。
② 1 台步进电动机，型号为 17HS111。
③ 1 台步进驱动器，型号为 SH-2H042Ma。
④ 1 台 CPU1211C 或者 CPU1511-1PN 和 PTO4。

以 CPU1211C 为控制器的原理图如图 7-5 所示，CPU1211C 模块的 Q0.0 和 Q0.1 可以发出高速脉冲。以 CPU1511-1PN 为控制器的原理图如图 7-6 所示，PTO4 模块的 5 和 6 端子可以发出高速脉冲。

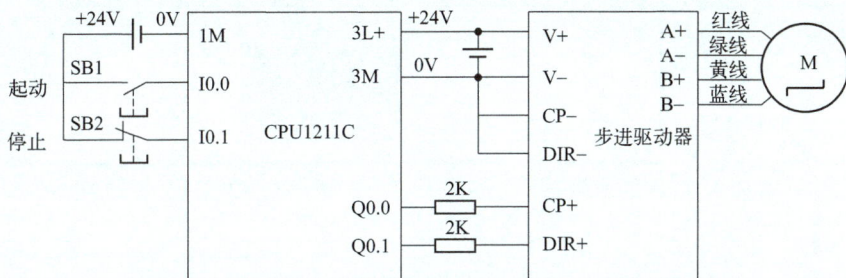

图 7-5　原理图（1）

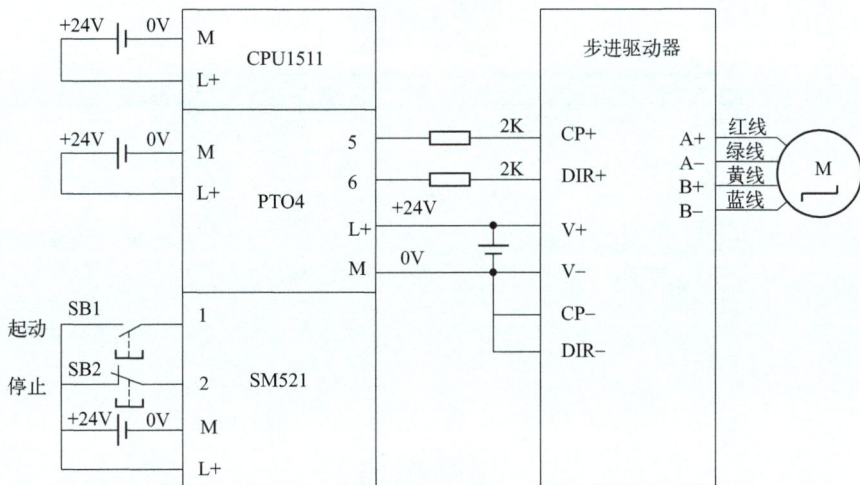

图 7-6　原理图（2）

硬件组态

① **新建项目，添加 CPU**　打开 TIA 博途软件，新建项目 "Motion-Control"，单击项目树中的 "添加新设备" 选项，添加 "CPU1211C"，如图 7-7 所示。

② **启用脉冲发生器**　在设备视图中，选中 "属性" → "常规" → "高脉冲发生器器（PTO/PWM）" → "PTO1/PWM1"，勾选 "启用该 PTO/PWM 器" 选项，如图 7-8 所示，表示启用了 "PTO1/PWM1" 脉冲发生器。

③ **选择脉冲发生器的类型**　设备视图中，选中 "属性" → "常规" →

"高脉冲发生器器（PTO/PWM）"→"PTO1/PWM1"→"参数分配"，选择信号类型为"PTO（脉冲 A 和方向 B）"，如图 7-9 所示。

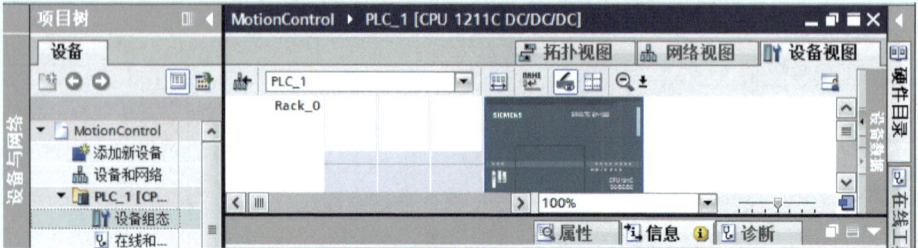

图 7-7　新建项目，添加 CPU

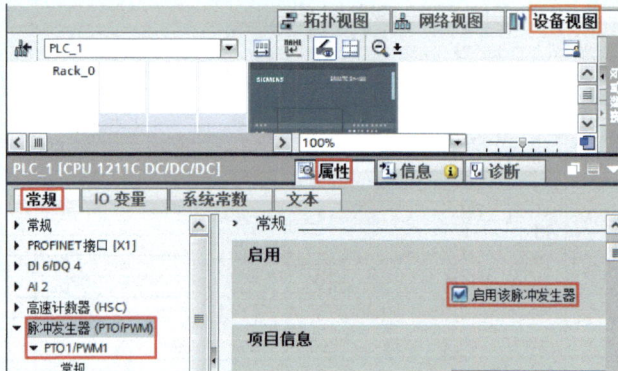

图 7-8　启用脉冲发生器

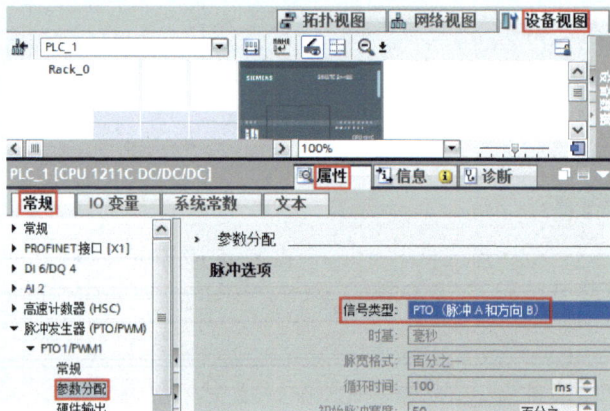

图 7-9　选择脉冲发生器的类型

信号类型有 5 个选项，分别是：PWM、PTO（脉冲 A 和方向 B）、PTO（正数 A 和倒数 B）、PTO（A/B 移相）和 PTO（A/B 移相 - 四倍频）。

④ **组态硬件输出** 设备视图中，选中"属性"→"常规"→"高脉冲发生器（PTO/PWM）"→"PTO1/PWM1"→"硬件输出"，选择脉冲输出点为 Q0.0，勾选"启用方向输出"，选择方向输出为 Q0.1，如图 7-10 所示。

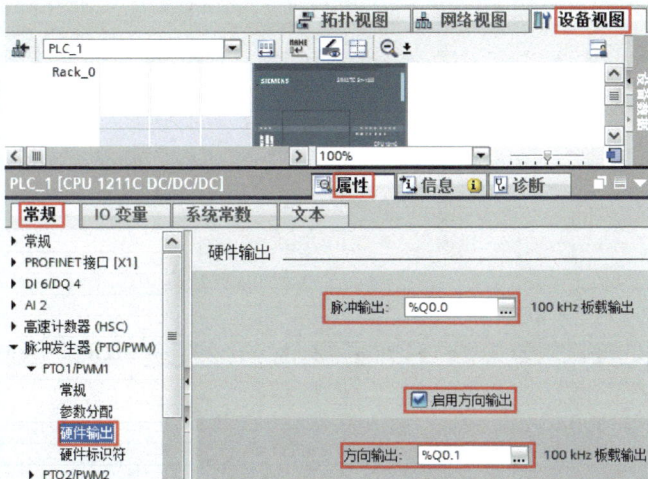

图 7-10　硬件输出

工艺对象"轴"组态

工艺对象"轴"组态是硬件组态的一部分，由于这部分内容非常重要，因此单独进行讲解。

"轴"表示驱动的工艺对象，"轴"工艺对象是用户程序与驱动的接口。工艺对象从用户程序收到运动控制命令，在运行时执行并监视执行状态。"驱动"表示步进电动机加电源部分或者伺服驱动加脉冲接口的机电单元。运动控制中必须要对工艺对象进行组态才能应用控制指令块。工艺组态包括三个部分：工艺参数组态、轴控制面板和诊断面板。以下分别进行介绍。

工艺参数组态

参数组态主要定义了轴的工程单位（如脉冲数/分钟、转/分钟）、软硬件限位、启动/停止速度和参考点的定义等。工艺参数的组态步骤如下：

① **插入新对象** 在 TIA Portal 软件项目视图的项目树中，选择"Motion-Control"→"PLC_1"→"工艺对象"→"插入新对象"，双击"插入新对象"，如图 7-11 所示，弹出如图 7-12 所示的界面，选择"运动控制"→"TO_PositioningAxis"，单击"确定"按钮，弹出如图 7-13 所示的界面。

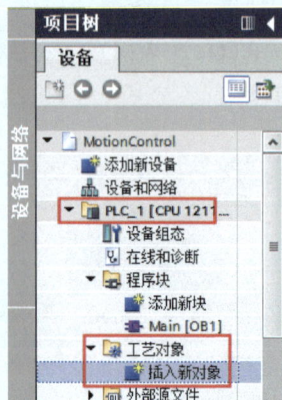

图 7-11 插入新对象

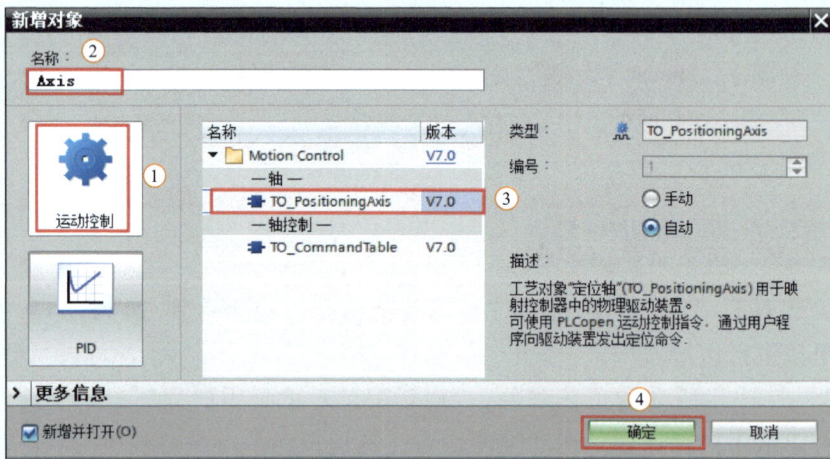

图 7-12 定义工艺对象数据块

② 组态常规参数 在"功能图"选项卡中，选择"基本参数"→"常规"，"驱动器"项目中有三个选项：PTO（表示运动控制由脉冲控制）、模拟量驱动接口（表示运动控制由模拟量控制）和 PROFIdrive（表示运动控制由通信控制），本例选择"PTO"选项，测量单位可根据实际情况选择，本例选用"°"，如图 7-13 所示。

③ 组态驱动器参数 在"功能图"选项卡中，选择"基本参数"→"驱动器"，选择脉冲发生器为"Pulse_1"，其对应的脉冲输出点和信号类型以及方向输出，都已经在硬件组态时定义了，在此不做修改，如图 7-14 所示。

"驱动器的使能和反馈"在工程中经常用到，当 PLC 准备就绪，输出一个信号到伺服驱动器的使能端子上，通知伺服驱动器，PLC 已经准备就绪。

当伺服驱动器准备就绪后发出一个信号到 PLC 的输入端，通知 PLC，伺服驱动器已经准备就绪。本例中没有使用此功能。

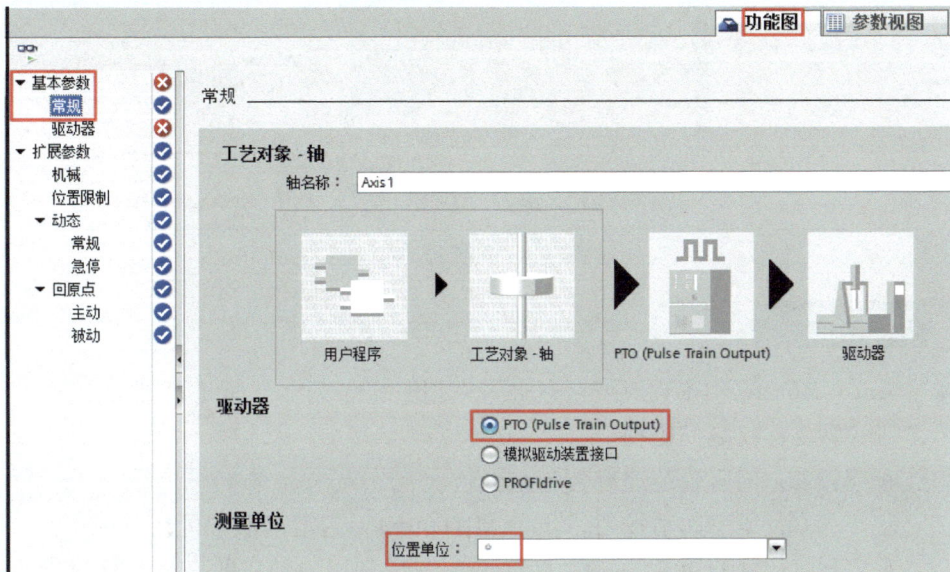

图 7-13　组态常规参数

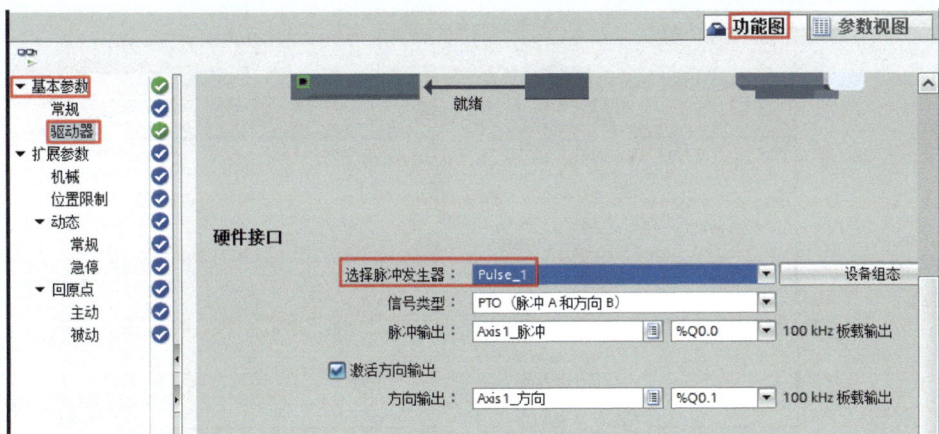

图 7-14　组态驱动器参数

④ **组态机械参数**　在"功能图"选项卡中，选择"扩展参数"→"机械"，设置"电机每转的脉冲数"为"200"（因为步进电动机的步距角为 1.8°，所以 200 个脉冲转一圈），此参数取决于伺服电动机光电编码器的参数。"电机每转负载位移"取决于机械结构，本例为"360.0"，如图 7-15 所示。

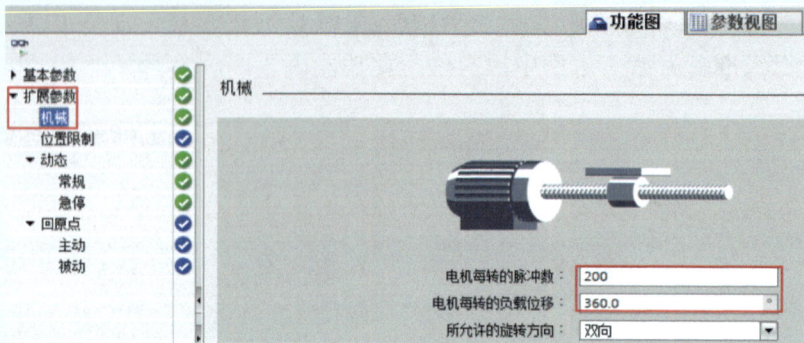

图 7-15 组态机械参数

编写程序

Auto_Rotate（FB1）中梯形图程序如图 7-16 所示。程序解读如下：

程序段 1：使能伺服轴。

程序段 2：伺服轴的速度控制。

程序段 3：压下起动按钮，步号 MB100=1，起动伺服轴的运行。

程序段 4：MB100=1 ～ 4，每一步，对应伺服电动机的一个运行速度。

程序段 5：停止运行。

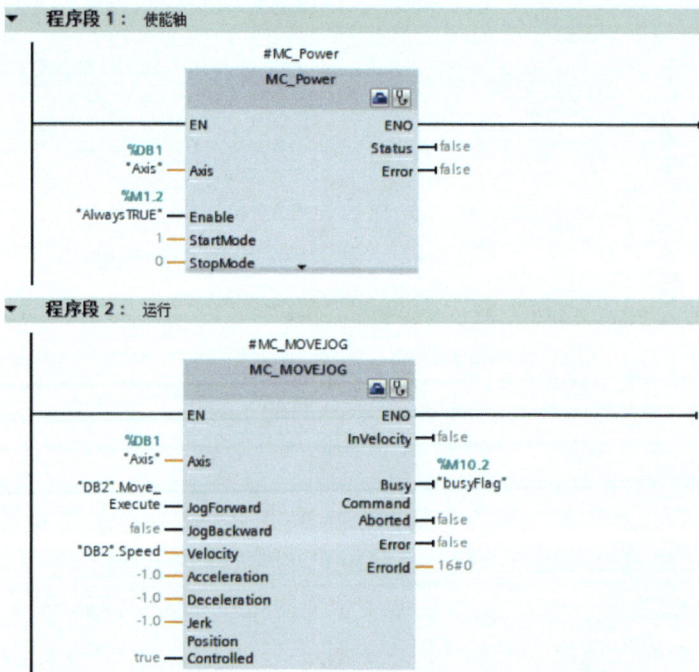

程序段 3： ___

```
%I0.0        %MB100
"btnStart"   "Step"
  ┤├          ==          ┌─────MOVE─────┐
             Byte         │ EN      ENO  │
              0           │              │
                        1─┤ IN           │
                          │      ‡ OUT1  ├─ %MB100
                          └──────────────┘   "Step"
```

程序段 4： ___

```
%MB100                                              "DB2".Move_
"Step"                                              Execute
  ==     ┌─────────────────────────────────────────( S )──┐
 Byte    │
  1      │        ┌─────MOVE─────┐
         │        │ EN      ENO  │
         │ 7200.0─┤ IN    ‡ OUT1 ├─ "DB2".Speed
         │        └──────────────┘
         │          #Timer0
         │        ┌──TON──┐
         │        │  Time │                ┌─────MOVE─────┐
         │        │       │                │ EN      ENO  │
         │     ───┤ IN   Q├─             2─┤ IN           │
         │ T#10S──┤ PT  ET├─ T#0ms         │     ‡ OUT1   ├─ %MB100
         │        └───────┘                └──────────────┘  "Step"

%MB100                                              "DB2".Move_
"Step"                                              Execute
  ==     ┌─────────────────────────────────────────( R )──┐
 Byte    │          #Timer1
  2      │        ┌──TON──┐
         │        │  Time │                ┌─────MOVE─────┐
         │        │       │                │ EN      ENO  │
         │     ───┤ IN   Q├─             3─┤ IN           │
         │ T#1S───┤ PT  ET├─ T#0ms         │     ‡ OUT1   ├─ %MB100
         │        └───────┘                └──────────────┘  "Step"
```

```
%MB100                                              "DB2".Move_
"Step"                                              Execute
  ==     ┌─────────────────────────────────────────( S )──┐
 Byte    │
  3      │        ┌─────MOVE─────┐
         │        │ EN      ENO  │
         │ 3600.0─┤ IN    ‡ OUT1 ├─ "DB2".Speed
         │        └──────────────┘
         │          #Timer2
         │        ┌──TON──┐
         │        │  Time │                ┌─────MOVE─────┐
         │        │       │                │ EN      ENO  │
         │     ───┤ IN   Q├─             4─┤ IN           │
         │ T#10S──┤ PT  ET├─ T#0ms         │     ‡ OUT1   ├─ %MB100
         │        └───────┘                └──────────────┘  "Step"

%MB100                                              "DB2".Move_
"Step"                                              Execute
  ==     ┌─────────────────────────────────────────( R )──┐
 Byte    │          #Timer3
  4      │        ┌──TON──┐
         │        │  Time │                ┌─────MOVE─────┐
         │        │       │                │ EN      ENO  │
         │     ───┤ IN   Q├─             1─┤ IN           │
         │ T#1S───┤ PT  ET├─ T#0ms         │     ‡ OUT1   ├─ %MB100
         │        └───────┘                └──────────────┘  "Step"
```

程序段 5： ___

```
%I0.1                                               "DB2".Move_
"btnStop"                                           Execute
  ┤/├     ┌─────MOVE─────┐                          ( R )
          │ EN      ENO  │
        0─┤ IN           │
          │      ‡ OUT1  ├─ %MB100
          └──────────────┘   "Step"
```

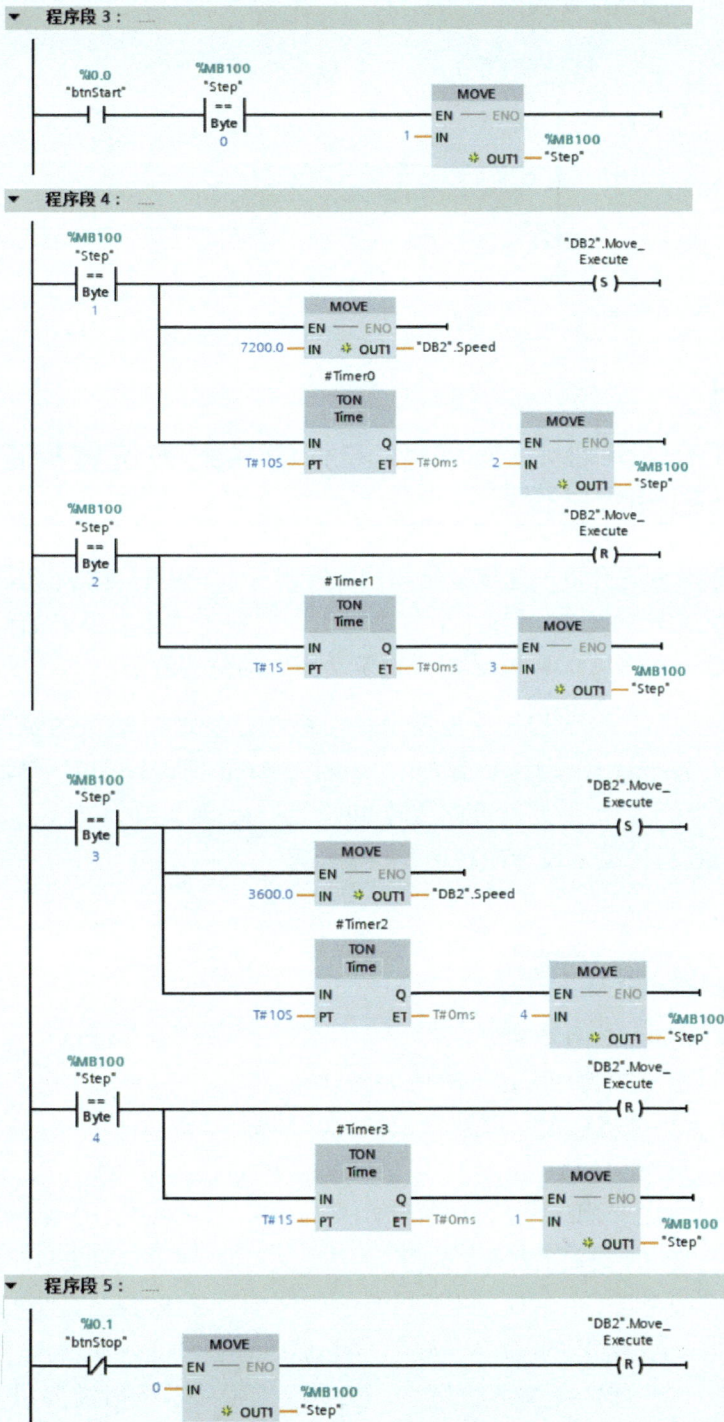

图 7-16 Auto_Rotate（FB1）中梯形图程序

OB1 中梯形图程序如图 7-17 所示。

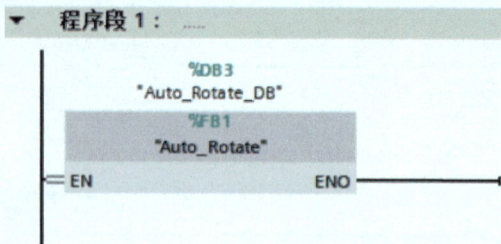

图 7-17 OB1 中梯形图程序

第 56 讲

S7-1200/1500 PLC 对步进驱动系统的位置控制（高速脉冲）——相机云台控制

步进驱动系统常用于速度控制和位置控制。位置控制更加常用，改变步进驱动系统的位置与 PLC 发出脉冲个数成正比，这是步进驱动系统的位置控制的原理，以下用一个例子介绍 PLC 对步进驱动系统的位置控制。

例 7-2 相机的云台上有一套步进驱动系统，步进电动机的步距角为 1.8°（200 脉冲转一圈），控制要求为：当压下 SB1 按钮，以 30°/s 速度正向旋转 90°，停 1s，以 30°/s 速度反向旋转 90°，停 1s，如此循环，当压下停止按钮 SB2 停止运行。要求设计原理图和控制程序。

解：

主要软硬件配置

① 1 套 TIA Portal V17。

② 1 台步进电动机，型号为 17HS111。

③ 1 台步进驱动器，型号为 SH-2H042Ma。

④ 1 台 CPU1211C 或 CPU1511-1PN、PTO4、SM521。

CPU1211C 控制时，原理图如图 7-18（a）所示。CPU1211C 输出信号为 +24V 的高电平，所以步进驱动器为"共阴"接法，又因为此步进驱动器只能接收 +5V 信号，所以需要串联 2 个 2kΩ 的电阻用于分压。设计和接线时要注意 CPU1211C 的电源 3M 要与步进驱动器的电源 V- 短接，否则脉冲信号不能形成回路。

CPU1511-1PN 无高速输出点，控制步进驱动系统时需要用 PTO4 工艺模块，原理图如图 7-18（b）所示。

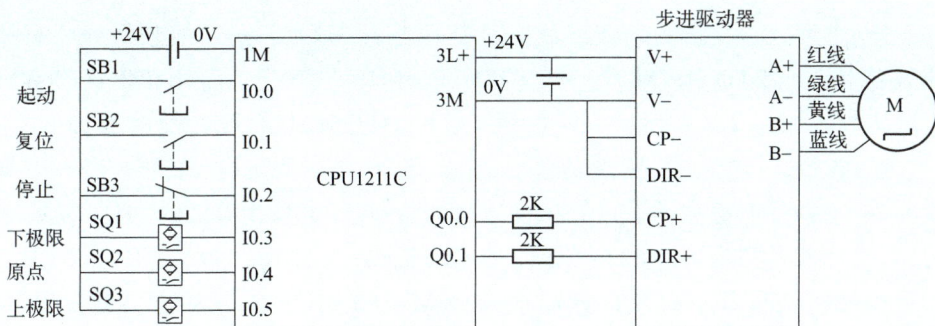

(a) S7-1200 PLC控制

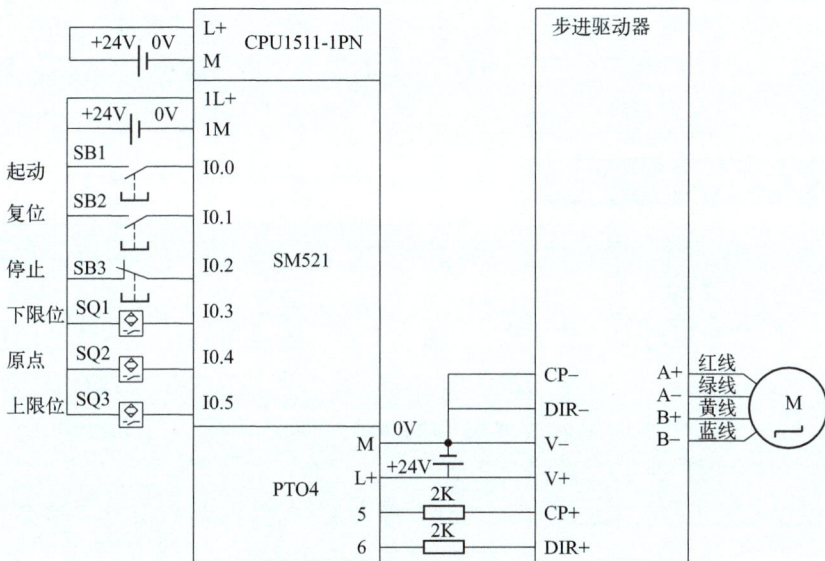

(b) S7-1500 PLC控制

图 7-18　原理图

🔲 **硬件组态**

　　组态以 CPU1211C 为例，CPU1511-1PN1 的组态类似，在此不作介绍。

　　① 新建项目，添加 CPU　打开 TIA Portal 软件，新建项目"Motion-Control"，单击项目树中的"添加新设备"选项，添加"CPU1211C"，如图 7-19 所示。

图 7-19　新建项目，添加 CPU

② **启用脉冲发生器** 在设备视图中，选中"属性"→"常规"→"高脉冲发生器器（PTO/PWM）"→"PTO1/PWM1"，勾选"启用该PTO/PWM器"选项，如图7-8所示，表示启用了"PTO1/PWM1"脉冲发生器。

③ **选择脉冲发生器的类型** 在设备视图中，选中"属性"→"常规"→"高脉冲发生器器（PTO/PWM）"→"PTO1/PWM1"→"参数分配"，选择信号类型为"PTO（脉冲A和方向B）"，如图7-9所示。

信号类型有五个选项，分别是：PWM、PTO（脉冲A和方向B）、PTO（正数A和倒数B）、PTO（A/B移相）和PTO（A/B移相-四倍频）。

④ **配置硬件输出** 在设备视图中，选中"属性"→"常规"→"高脉冲发生器器（PTO/PWM）"→"PTO1/PWM1"→"硬件输出"，选择脉冲输出点为Q0.0，勾选"启用方向输出"，选择方向输出为Q0.1，如图7-10所示。

🔲 工艺对象"轴"配置

工艺对象"轴"配置是硬件配置的一部分，由于这部分内容非常重要，因此单独进行讲解。

"轴"表示驱动的工艺对象，"轴"工艺对象是用户程序与驱动的接口。工艺对象从用户程序收到运动控制命令，在运行时执行并监视执行状态。"驱动"表示步进电动机加电源部分或者伺服驱动加脉冲接口的机电单元。运动控制中，必须要对工艺对象进行配置才能应用控制指令块。

工艺对象组态后生成一个数据块（即轴），此数据块中保存了很多参数，工艺组态大幅减少了编程工作量。工艺配置包括三个部分：工艺参数配置、轴控制面板和诊断面板。以下分别进行介绍。

参数配置主要定义了轴的工程单位（如脉冲数/分钟、转/分钟）、软硬件限位、起动/停止速度和参考点的定义等。工艺参数的组态步骤如下：

① **插入新对象** 在TIA Portal软件项目视图的项目树中，选择"Motion Control"→"PLC_1"→"工艺对象"→"插入新对象"，双击"插入新对象"，如图7-20所示，弹出如图7-21所示的界面，选择"运动控制"→"TO_Positioning Axis"，单击"确定"按钮，弹出如图7-22所示的界面。

图 7-20 插入新对象

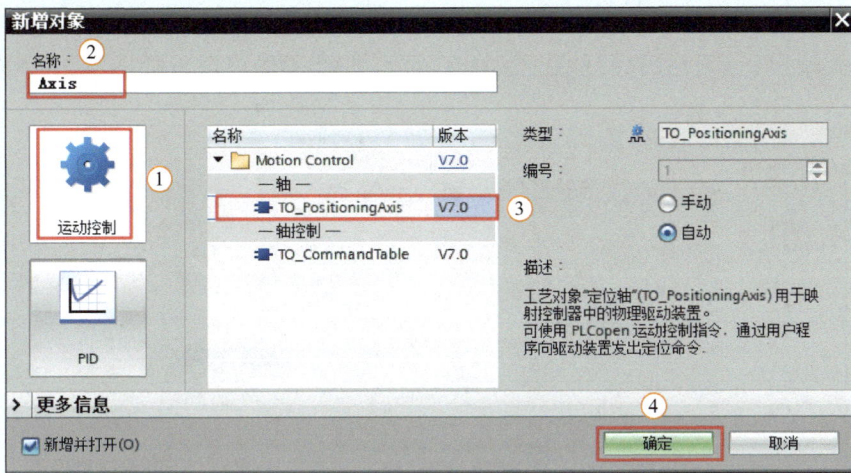

图 7-21　定义工艺对象数据块

② **配置常规参数**　在"功能图"选项卡中，选择"基本参数"→"常规"，"驱动器"项目中有三个选项：PTO（表示运动控制由脉冲控制）、模拟量驱动接口（表示运动控制由模拟量控制）和 PROFIdrive（表示运动控制由通信控制），本例选择"PTO"选项，测量单位可根据实际情况选择，本例选用"°"，如图 7-22 所示。

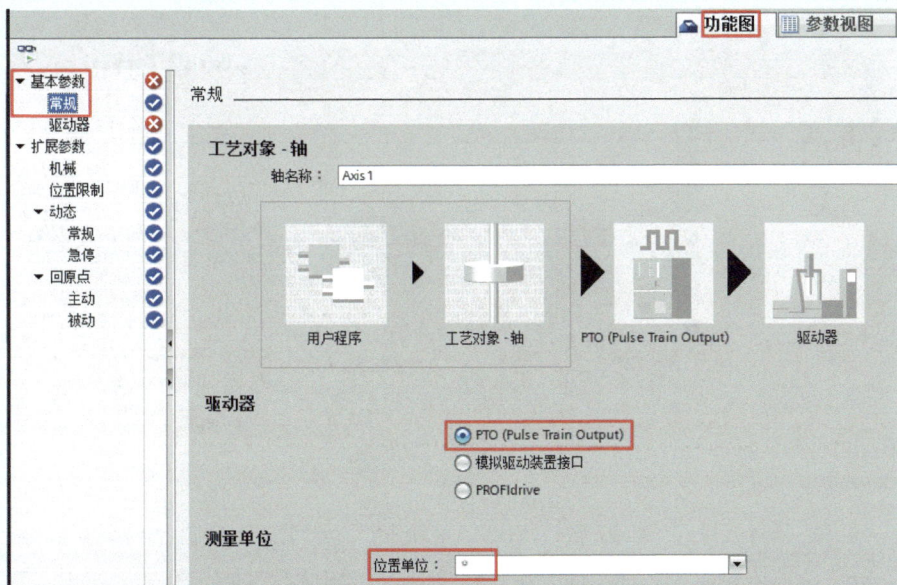

图 7-22　组态常规参数

③ **组态驱动器参数**　在"功能图"选项卡中，选择"基本参数"→"驱

动器",选择脉冲发生器为"Pulse_1",其对应的脉冲输出点和信号类型以及方向输出,都已经在硬件配置时定义了,在此不做修改,如图 7-23 所示。

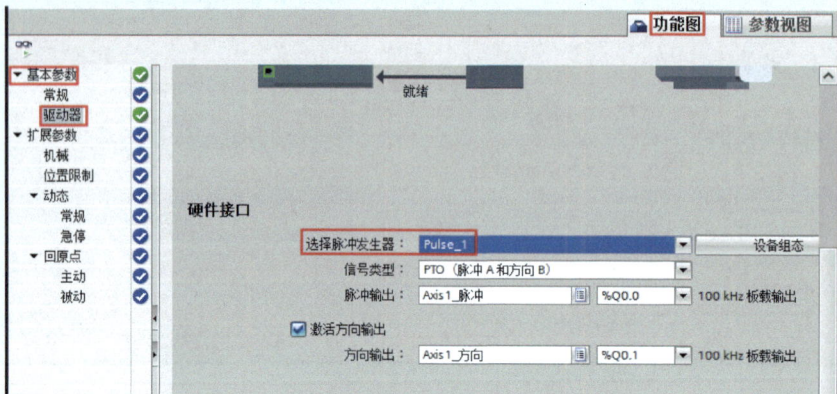

图 7-23　组态驱动器参数

④ 组态机械参数　在"功能图"选项卡中,选择"扩展参数"→"机械",设置"电机每转的脉冲数"为"200"(即 200 脉冲步进电动机转一圈),此参数取决于步进驱动器的参数。"电机每转移动位移"取决于机械结构,如步进电动机与丝杠直接相连接,则此参数就是丝杠的螺距,本例为"10",如图 7-24 所示。

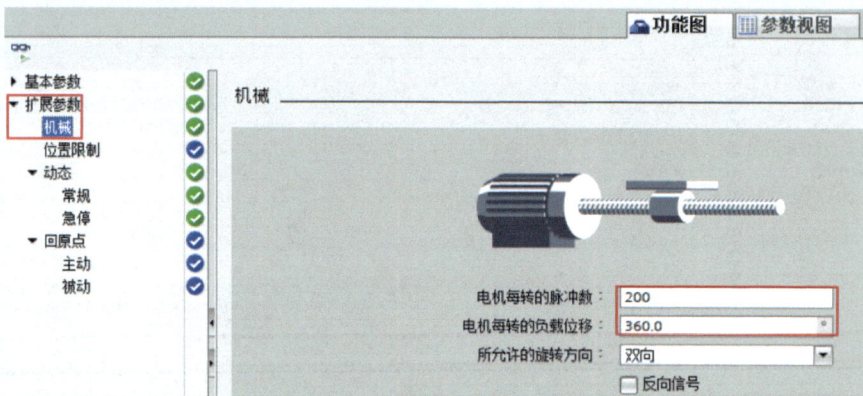

图 7-24　组态机械参数

⑤ 配置位置限制参数　在"功能图"选项卡中,选择"扩展参数"→"位置限制",勾选"启用硬件限位开关"和"软件限位开关",如图 7-25所示。在"硬件下限位开关输入"中选择"I0.3",在"硬件上限位开关输入"中选择"I0.5",选择电平为"高电平",这些设置必须与原理图匹配。

由于本例的限位开关在原理图中接入的是常开触点，因此当限位开关起作用时为"高电平"，所以此处选择"高电平"，如果输入限位开关接入常闭触点，那么此处也应选择"低电平"，这一点请读者特别注意。

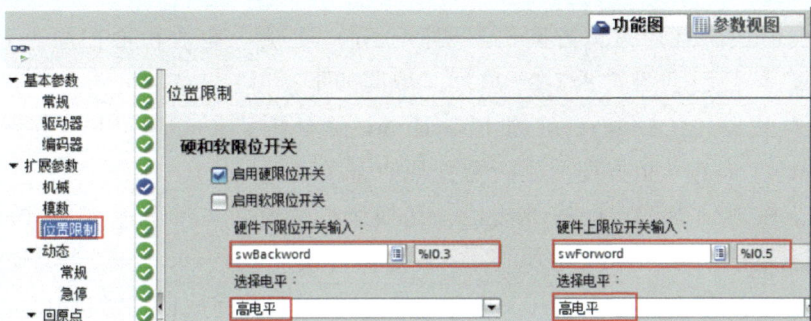

图 7-25　组态位置限制参数

⑥ **配置回原点参数**　在"功能图"选项卡中，选择"扩展参数"→"回原点"→"主动"，根据原理图选择"输入原点开关"是 I0.4。由于 I0.4 对应的接近开关是常开触点，所以"选择电平"选项是"高电平"。

"起始位置偏移量"为 0，表明原点就在 I0.4 的硬件物理位置上，本例设置如图 7-26 所示。

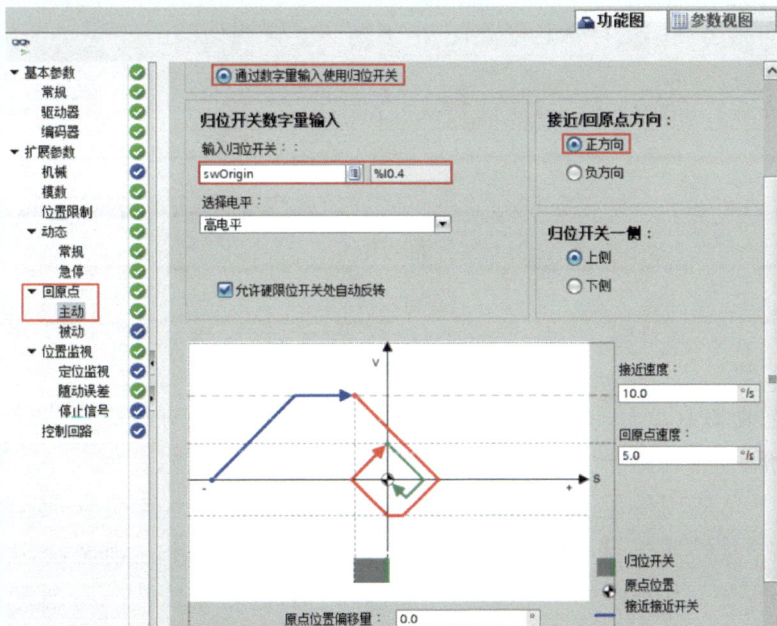

图 7-26　组态回原点

关于主动回原点，以下详细介绍。

根据轴与原点开关的相对位置，分成 4 种情况：轴在原点开关负方向侧，轴在原点开关的正方向侧，轴刚执行过回原点指令，轴在原点开关的正下方。接近速度为正方向运行。

a. 轴在原点开关负方向侧。实际上是"上侧"有效和轴在原点开关负方向侧，运行示意图如图 7-27 所示。说明如下：

• 当程序以 Mode=3 触发 MC_Home 指令时，轴立即以"逼近速度 60.0mm/s"向右（正方向）运行寻找原点开关；

• 当轴碰到参考点的有效边沿，切换运行速度为"参考速度 40.0mm/s"继续运行；

• 当轴的左边沿与原点开关有效边沿重合时，轴完成回原点动作。

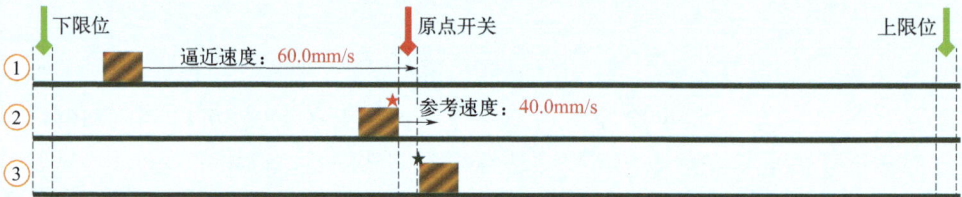

图 7-27　"上侧"有效和轴在原点开关负方向侧运行示意图

b. 轴在原点开关的正方向侧。实际上是"上侧"有效和轴在原点开关的正方向侧运行，运行示意图如图 7-28 所示。说明如下：

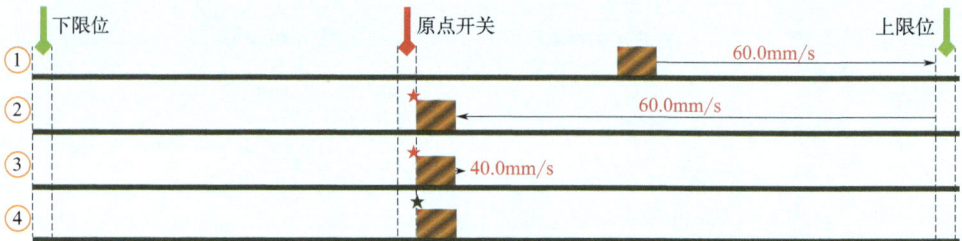

图 7-28　"上侧"有效和轴在原点开关的正方向侧运行示意图

• 当轴在原点开关的正方向（右侧）时，触发主动回原点指令，轴会以"逼近速度"运行直到碰到右限位开关，如果在这种情况下，用户没有使能"允许硬件限位开关处自动反转"选项，则轴因错误取消回原点动作并按急停速度使轴制动；如果用户使用了该选项，则轴将以组态的减速度减速（不是以紧急减速度）运行，然后反向运行，反向继续寻找原点开关；

• 当轴掉头后继续以"逼近速度"向负方向寻找原点开关的有效边沿；

• 原点开关的有效边沿是右侧边沿，当轴碰到原点开关的有效边沿后，将速度切换成"参考速度"最终完成定位。

c. 轴刚执行过回原点指令的示意图如图 7-29 所示，轴在原点开关的正下方的示意图如图 7-30 所示。

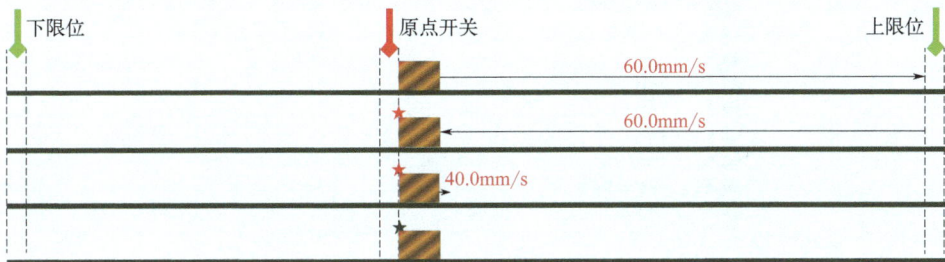

图 7-29 "上侧"有效和轴刚执行过回原点指令的示意图

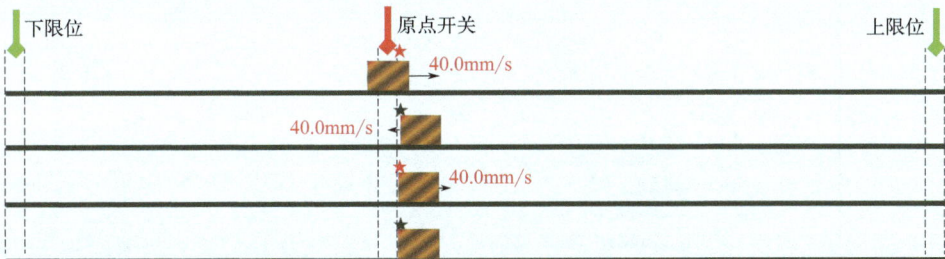

图 7-30 "上侧"有效和轴在原点开关的正下方的示意图

编写控制程序

创建数据块如图 7-31，编写程序如图 7-32 所示。对程序的解读如下：

程序段 1：伺服使能，始终有效。

程序段 2：故障确认。

程序段 3：模式 3 回原点，当 DB2.HOME_Start 置位时，开始回原点，当回原点成功时，DB2.HOME_Done 为 1，之后复位 DB2.HOME_Start，置位 DB2.HOME_OK。

程序段 4：当 DB2.Move_ Start 置位时，开始轴运行，当运行到指定位置时，DB2.Move_Done 为 1，复位 DB2.Move_ Start。

程序段 5：停止轴运行。

程序段 6：起动回原点操作。

程序段 7、8：当回原点成功后，压下起动按钮，轴按照要求运行。
程序段 9：停止运行。

图 7-31　数据块

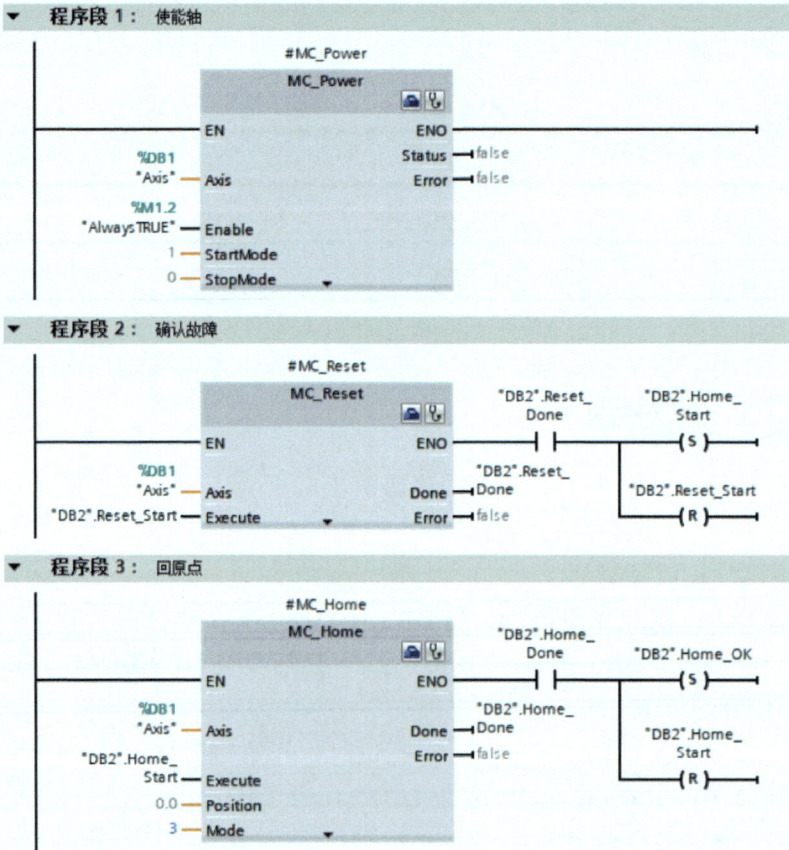

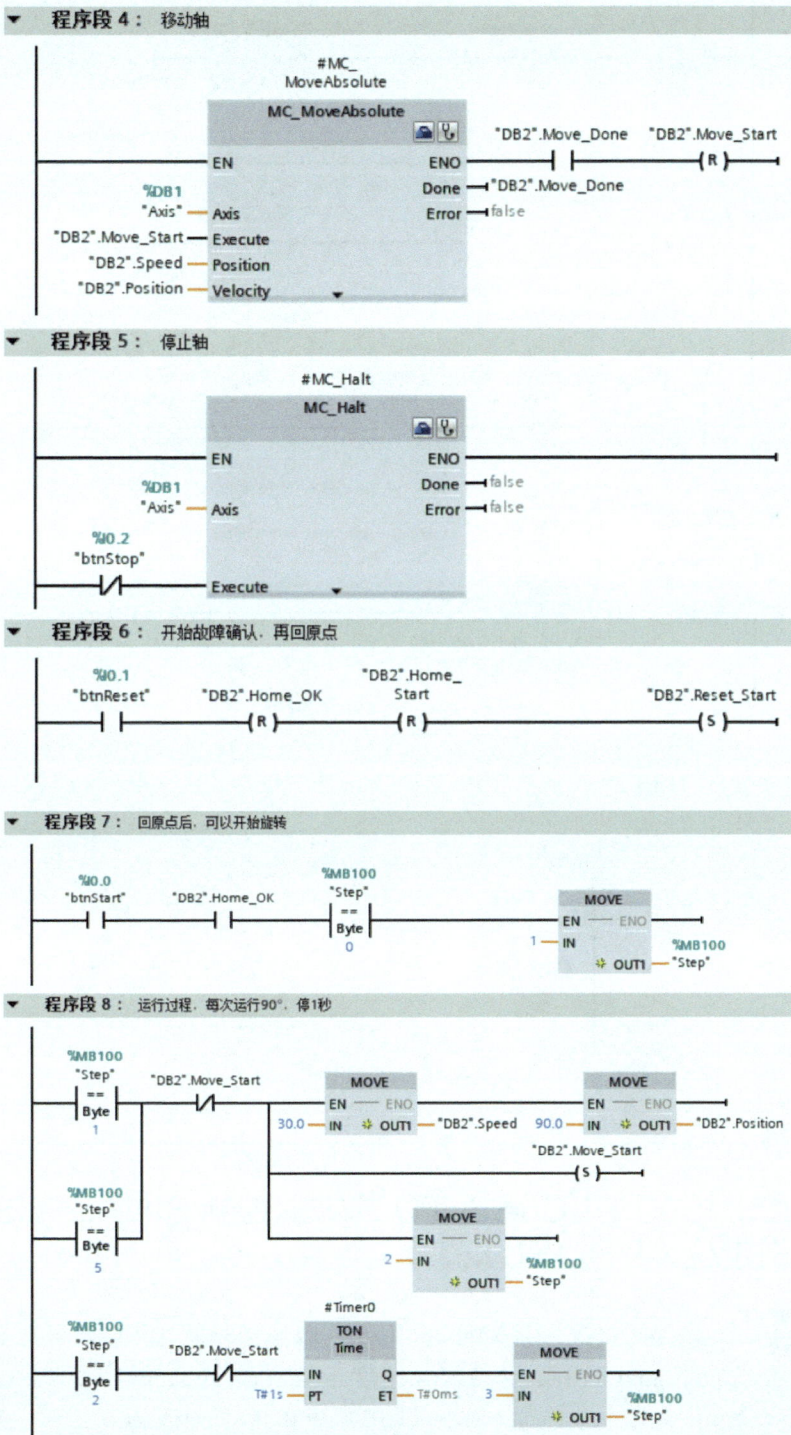

程序段 4： 移动轴

#MC_
MoveAbsolute

MC_MoveAbsolute

EN — ENO — "DB2".Move_Done ─┤├─ "DB2".Move_Start ─(R)─
%DB1 "Axis" — Axis Done ─ "DB2".Move_Done
"DB2".Move_Start — Execute Error ─ false
"DB2".Speed — Position
"DB2".Position — Velocity

程序段 5： 停止轴

#MC_Halt

MC_Halt

EN — ENO
%DB1 "Axis" — Axis Done ─ false
 Error ─ false
%I0.2 "btnStop" ─┤/├─ Execute

程序段 6： 开始故障确认，再回原点

%I0.1 "btnReset" ─┤├─ "DB2".Home_OK ─(R)─ "DB2".Home_Start ─(R)─ "DB2".Reset_Start ─(S)─

程序段 7： 回原点后，可以开始旋转

%I0.0 "btnStart" ─┤├─ "DB2".Home_OK ─┤├─ %MB100 "Step" == Byte 0

MOVE
EN — ENO
1 — IN OUT1 ─ %MB100 "Step"

程序段 8： 运行过程，每次运行90°，停1秒

%MB100 "Step" == Byte 1 ─── "DB2".Move_Start ─┤/├─

MOVE
EN — ENO
30.0 — IN OUT1 ─ "DB2".Speed

MOVE
EN — ENO
90.0 — IN OUT1 ─ "DB2".Position

"DB2".Move_Start ─(S)─

%MB100 "Step" == Byte 5

MOVE
EN — ENO
2 — IN OUT1 ─ %MB100 "Step"

%MB100 "Step" == Byte 2 ─── "DB2".Move_Start ─┤/├─

#Timer0
TON
Time
IN Q
T#1s — PT ET ─ T#0ms

MOVE
EN — ENO
3 — IN OUT1 ─ %MB100 "Step"

图 7-32

105

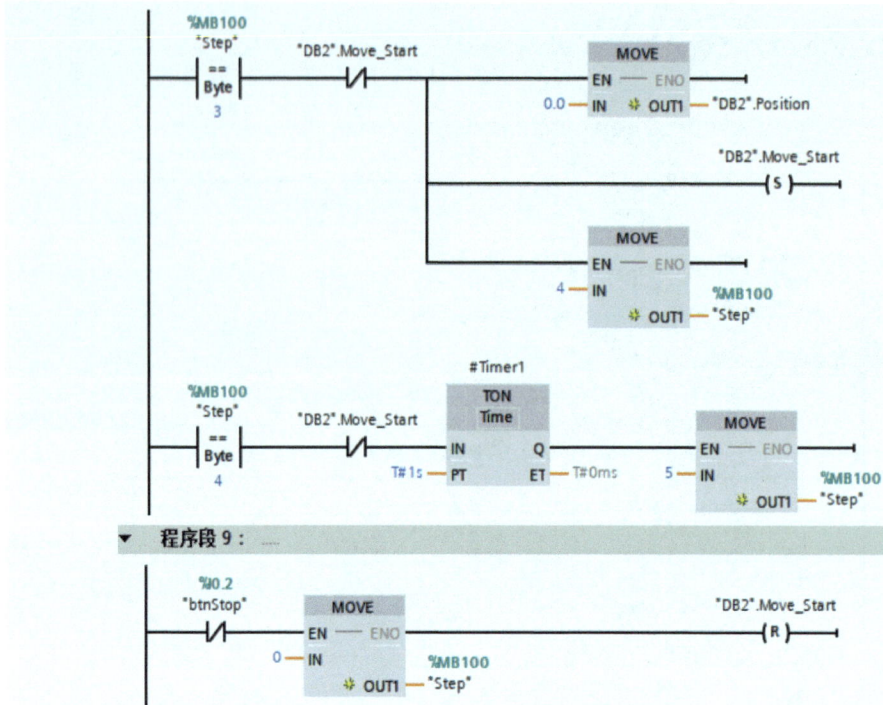

图 7-32　FB1 中的梯形图程序

主程序如图 7-33 所示。

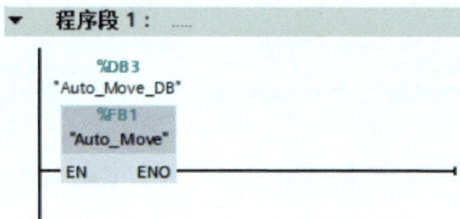

图 7-33　主程序

第 57 讲

S7-1200/1500 PLC 通过 TO 的方式控制 SINAMICS V90 PN 实现定位（PROFINET）

例 7-3　某设备上有一套 SINAMICS V90 伺服驱动系统（PN 版本），控制要求如下：当压下 SB1 按钮，以 30°/s 速度正向旋转 90°，停 1s，以 30°/s 速度反向旋转 90°，停 1s，如此循环，当压下停止按钮 SB2 停止运行。要求设计原理图和控制程序。

解：

主要软硬件配置

① 1 套 TIA Portal V17。

② 1 套 SINAMICS V90 伺服系统（含伺服驱动器和伺服电动机）。

③ 1 台 CPU1211C 或 CPU1511-1PN、SM521、SM522。

CPU1211C 控制时，原理图如图 7-34（a）所示，CPU1511-1PN 的原理图如图 7-34（b）所示。

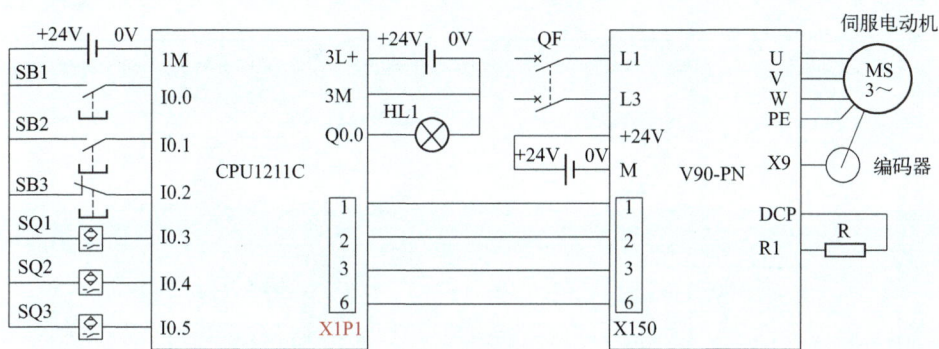

(a) S7-1200 PLC控制

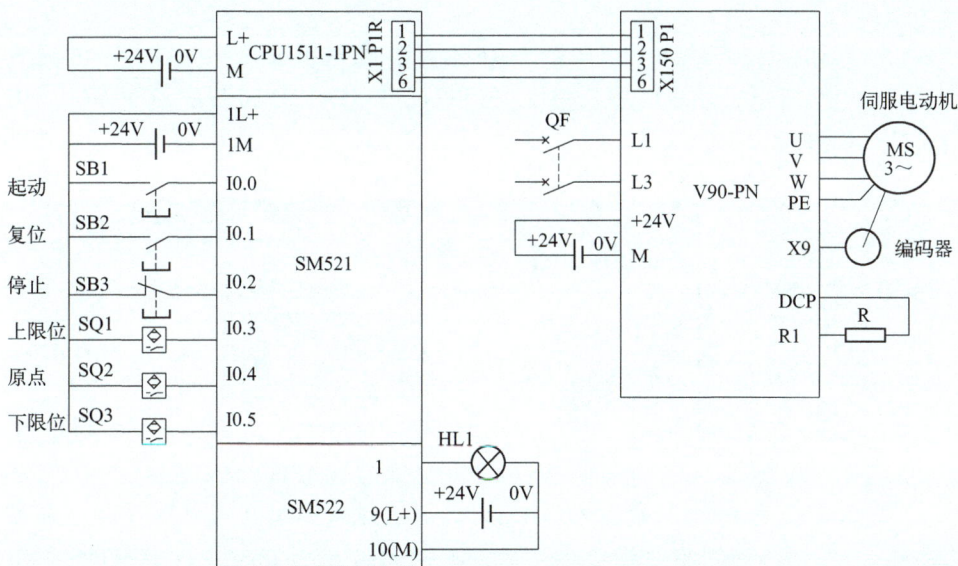

(b) S7-1500 PLC控制

图 7-34　原理图

硬件和工艺组态

① 新建项目，添加 CPU 打开 TIA Portal 软件，新建项目"Motion-Control"，单击项目树中的"添加新设备"选项，添加"CPU11511-1PN"，启用"启用系统存储器字节"和"启用时钟存储器字节"，如图 7-35 所示。

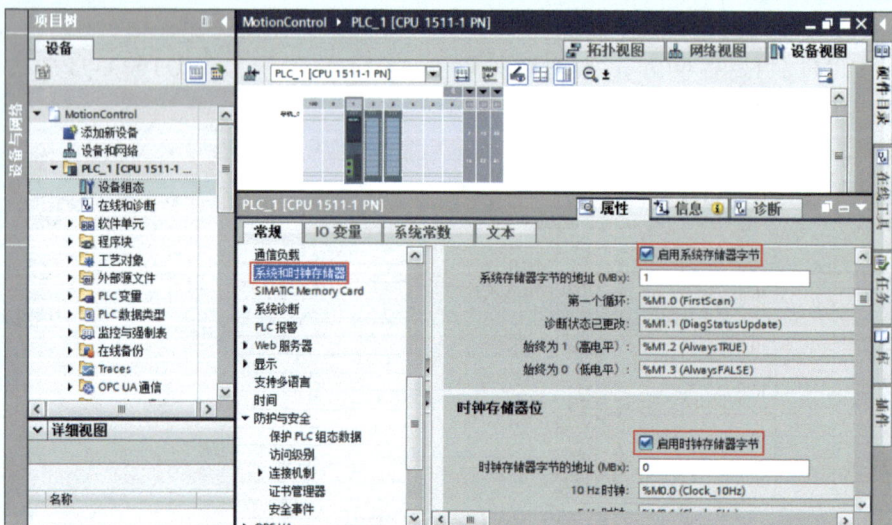

图 7-35 新建项目，添加 CPU

② 网络组态 网络组态如图 7-36 所示，通信报文采用报文 3，配置方法如图 7-37 所示，注意此处的报文必须与伺服驱动器中设置的报文一致，否则通信不能建立。

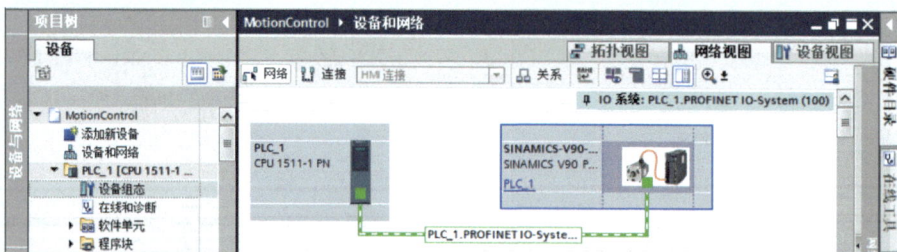

图 7-36 网络组态（1）

③ 添加工艺对象 命名为"Axis"，工艺对象中组态的参数对保存在数据块中，本例将使用绝对定位指令，需要回参考点。工艺组态 - 驱动装置组态如图 7-38 所示，因为伺服驱动器是 PN 版本，所以驱动器的类型选择为"PROFIdrive"。

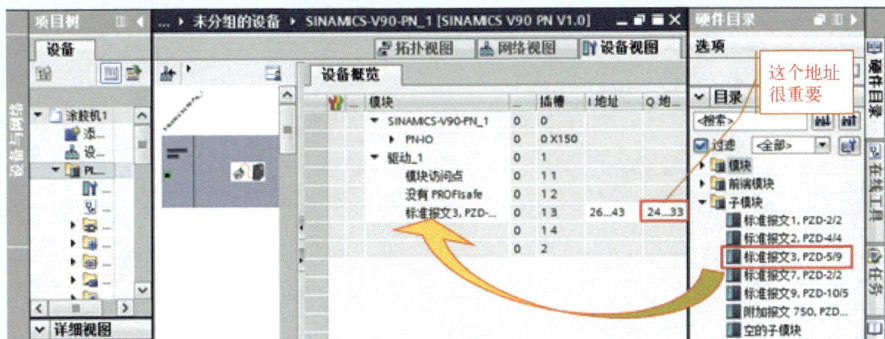

图 7-37 网络组态（2）

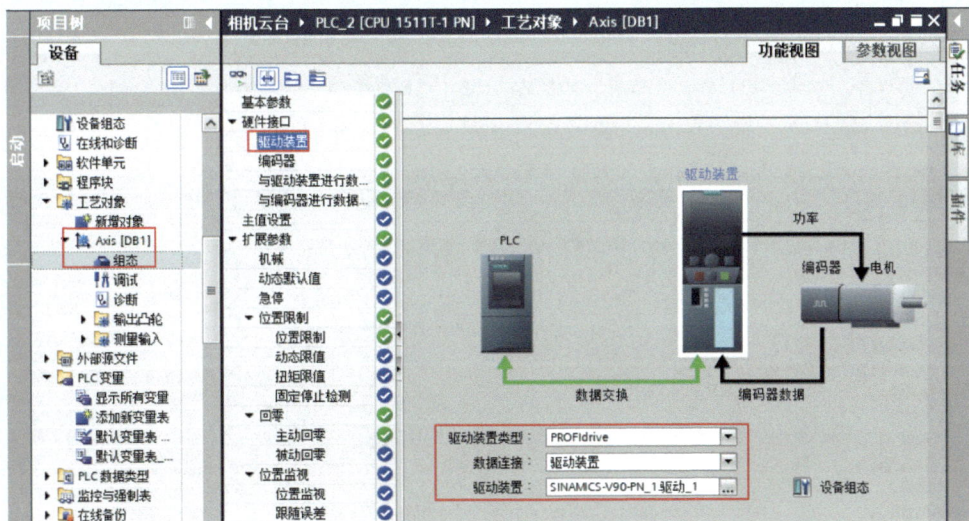

图 7-38 工艺组态 - 驱动装置

工艺组态 - 位置限制的组态如图 7-39 所示，因为原理图中限位开关为常开触点，故标记"5"处为高电平，如原理图中的限位开关常闭触点，则标记"5"处为低电平，工程实践中，限位开关选用常闭触点的更加常见。顺便指出，虽然实际工程中，位置限位可以起到保护作用，有时还能参与寻找参考点（不是一定），但在实验和调试时，并非一定需要组态位置限位。

工艺组态 - 主动回零的组态如图 7-40 所示，因为原理图中限位开关为常开触点，故标记"3"处为高电平，如原理图中的限位开关常闭触点，则标记"3"处为低电平。在图 7-40 中，如负载在参考点（零点、原点）的左侧，向正方向寻找参考点，那么不需要正负限位开关参与寻找参考点。如果负载在参考点的左侧向负方向寻找参考点，那么需要负限位开关（左侧限位开关）参与寻找参考点。

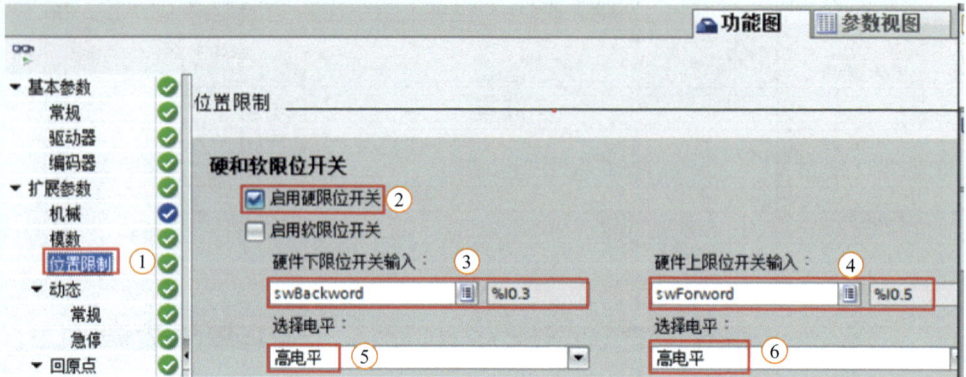

图 7-39　工艺组态 - 位置限制

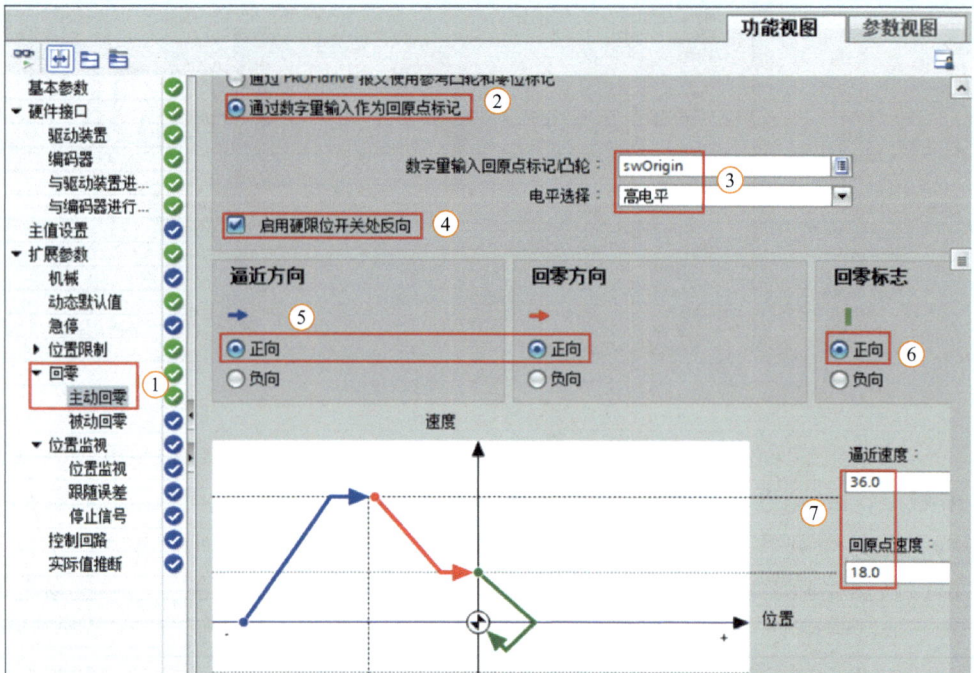

图 7-40　工艺组态 - 主动回零

设置 SINAMICS V90 的参数

设置 SINAMICS V90 的参数见表 7-6。

表 7-6　SINAMICS V90 的参数

序号	参数	参数值	说明
1	p0922	3	标准报文 3
2	p8921（0）	192	IP 地址 192.168.0.2
	p8921（1）	168	
	p8921（2）	0	
	p8921（3）	2	
3	p8923（0）	255	子网掩码：255.255.255.0
	p8923（1）	255	
	p8923（2）	255	
	p8923（3）	0	

编写控制程序

程序与例 7-2 的相同。

第 8 章

西门子 PLC 的 SCL、Graph 语言应用实例

本章介绍 SCL 和 S7-Graph 的应用，并最终帮助读者掌握 SCL 和 S7-Graph 的程序编写方法。

8.1 西门子 PLC 的 SCL 编程

第 58 讲

SCL 应用举例——4 个应用

8.2 西门子 PLC 的 S7-Graph 编程

实际的工业生产控制过程中，顺序逻辑控制占有相当大的比例。所谓顺序逻辑控制，就是按照生产工艺预先规定的顺序，在各个输入信号的作用下，根据内部状态和时间顺序，在生产过程中的各个执行机构自动地、有秩序地进行操作。S7-Graph 是一种顺序功能图编程语言，它能有效地应用于设计顺序逻辑控制程序。目前只有 S7-300/400/1500 PLC 支持 S7-Graph 编程。

第 59 讲

S7-Graph 应用举例

第 9 章

PLC 综合应用

　　本章介绍西门子 PLC 常用故障诊断方法，主要介绍利用 TIA Portal 诊断方法和利用专用软件工具的诊断等方法。特别是 Automation Tool 和 Proneta 软件工具用于故障诊断非常简便。

　　本章有 3 个工程实例。其中，【例 9-1】是逻辑控制，S7-1200 /1500PLC 入门级难度。【例 9-2】、【例 9-3】涉及逻辑控制和运动控制，任务相对复杂，难度较大。这两个实际工程项目即是对读者学习成果的验证，如能顺利完成，则说明读者具备小型自动化系统集成的能力。

「码」上解锁

AI电气工程师
64 讲精品视频课
扫码 免费 领取
与本书知识强联动

9.1 西门子 PLC 的故障诊断技术

第 60 讲

利用 TIA Portal 软件诊断故障

第 61 讲

利用专用软件工具诊断故障

9.2 PLC 工程应用

第 62 讲

折边机控制系统的设计

例 9-1 用 S7-1200 PLC 控制箱体折边机的运行。箱体折边机是用于将一块平板薄钢板，折成 U 型，用于制作箱体。控制系统要求如下：

① 有启动、复位和急停控制。

② 要有复位指示和一个工作完成结束的指示。

③ 折边过程，可以手动控制和自动控制。

④ 按下"急停"按钮，设备立即停止工作。

箱体折边机工作示意图如图 9-11 所示，折边机由 4 个气缸组成，一个下压气缸、两个翻边气缸（由同一个电磁阀控制，在此仅以一个气缸说明）和一个顶出气缸。其工作过程是：当按下复位按钮 SB1 时，YV2 得电，下压气缸向上运行，到上极限位置 SQ1 为止；YV4 得电，翻边气缸向右运行，直到右极限位置 SQ3 为止；YV5 得电，顶出气缸向上运行，直到上极限位置 SQ6 为止，三个气缸同时动作，复位完成后，指示灯以 1s 为周期闪烁。工人放置钢板，此时压下启动按钮 SB2，YV6 得电，顶出气缸向下运行，到下极限位置 SQ5 为止；接着 YV1 得电，下压气缸向下运行，到下极限位置 SQ2 为止；接着 YV3 得电，翻边气缸向左运行，到左极限位置 SQ4 为止；保压 0.5s 后，YV4 得电，翻边气缸向右运行，到左极限位置 SQ3 为止；接着 YV2 得电，下压气缸向上运行，到上极限位置 SQ1 为止；YV5

得电，顶出气缸向上运行，顶出已经折弯完成的钢板，到上极限位置 SQ6 为止，一个工作循环完成，其气动原理图如图 9-12 所示。

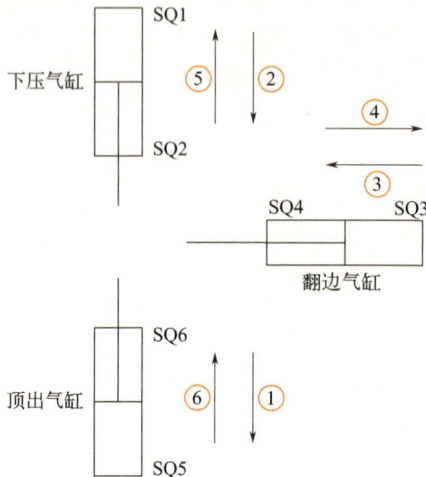

图 9-11　箱体折边机工作示意图

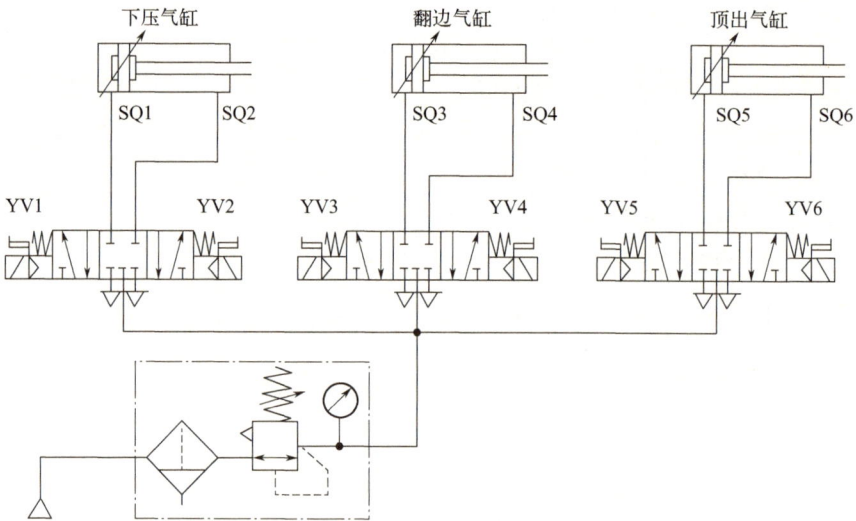

图 9-12　箱体折边机气动原理图

解：

 I/O 分配

在 I/O 分配之前，先计算所需要的 I/O 点数，输入点为 17 个，输出点为 7 个，由于输入输出最好留 15% 左右的余量备用，所用初步选择的 PLC 是 CPU1214C，又因为控制对象为电磁阀和信号灯，因此 CPU 的输出形式选为继电器比较有利（其输出电流可达 2A），所以 PLC 最后定为 CPU1214C（AC/DC/RLY）和 SM1221（DI8）。折边机的 I/O 分配表见表 9-1。

表 9-1　I/O 分配表

输入			输出		
名　称	符　号	输入点	名　称	符　号	输出点
手动 / 自动转换	SA1	I0.0	复位灯	HL1	Q0.0
复位按钮	SB1	I0.1	下压伸出线圈	YV1	Q0.1
启动按钮	SB2	I0.2	下压缩回线圈	YV2	Q0.2
急停按钮	SB3	I0.3	翻边伸出线圈	YV3	Q0.3
下压伸出按钮	SB4	I0.4	翻边缩回线圈	YV4	Q0.4
下压缩回按钮	SB5	I0.5	顶出伸出线圈	YV5	Q0.5
翻边伸出按钮	SB6	I0.6	顶出缩回线圈	YV6	Q0.6
翻边缩回按钮	SB7	I0.7			
顶出伸出按钮	SB8	I1.0			
顶出缩回按钮	SB9	I1.1			
下压原位限位	SQ1	I1.2			
下压伸出限位	SQ2	I1.3			
翻边原位限位	SQ3	I1.4			
翻边伸出限位	SQ4	I1.5			
顶出原位限位	SQ5	I2.0			
顶出伸出限位	SQ6	I2.1			
光电开关	SQ7	I2.2			

设计电气原理图

根据 I/O 分配表和题意，设计原理图如图 9-13 所示。由于气动电磁阀的功率较小，因此其额定电流也比较小（小于 0.2A），而选定的 PLC 是继电器输出，其额定电流为 2A，因而 PLC 可以直接驱动电磁阀，但编者还是建议读者在设计类似的工程时，要加中间继电器，因为这样做更加可靠。

编写控制程序

主程序如图 9-14 所示。Hand_Control（FB1）程序的参数如图 9-15

所示。Hand_Control（FB2）程序的如图 9-16 所示，主要是 3 个气缸的手动伸缩控制。

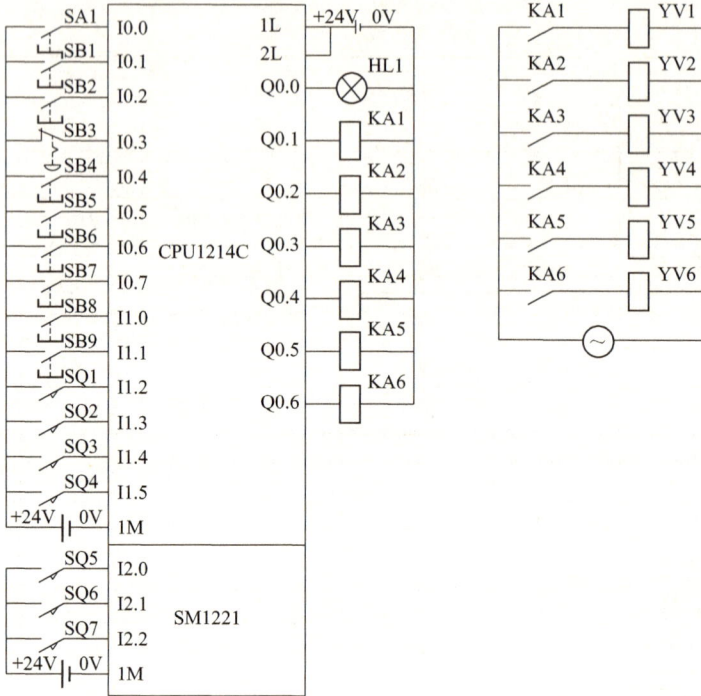

图 9-13　折边机接线图

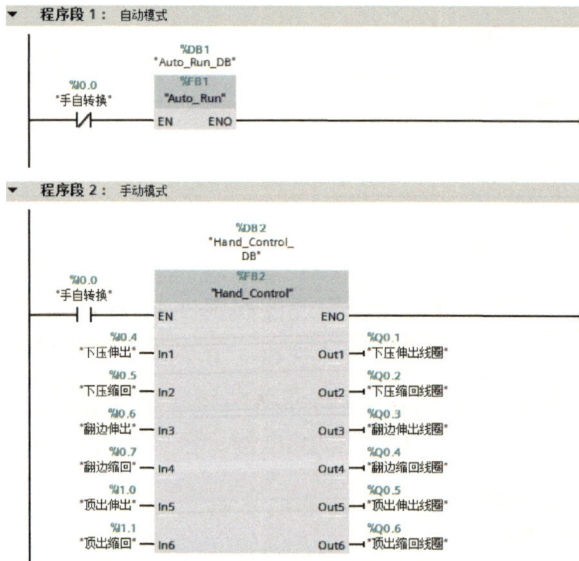

图 9-14　主程序梯形图

Hand_Control				
	名称	数据类型	默认值	保持
1	▼ Input			
2	In1	Bool	false	非保持
3	In2	Bool	false	非保持
4	In3	Bool	false	非保持
5	In4	Bool	false	非保持
6	In5	Bool	false	非保持
7	In6	Bool	false	非保持
8	▼ Output			
9	Out1	Bool	false	非保持
10	Out2	Bool	false	非保持
11	Out3	Bool	false	非保持
12	Out4	Bool	false	非保持
13	Out5	Bool	false	非保持
14	Out6	Bool	false	非保持
15	▼ InOut			
16	<新增>			
17	▼ Static			
18	Flag1	Bool	false	非保持
19	Flag2	Bool	false	非保持
20	Flag3	Bool	false	非保持
21	Flag4	Bool	false	非保持
22	Flag5	Bool	false	非保持
23	Flag6	Bool	false	非保持
24	Flag1_1	Bool	false	非保持
25	Flag2_1	Bool	false	非保持
26	Flag3_1	Bool	false	非保持
27	Flag4_1	Bool	false	非保持
28	Flag5_1	Bool	false	非保持
29	Flag6_1	Bool	false	非保持

图 9-15　Hand_Control（FB2）程序的参数

▼　**程序段 1：** 手动控制

图 9-16

图 9-16　Hand_Control（FB2）程序

Auto_Run（FB1）程序的数据块如图 9-17 所示，数据块中的参数就是
Auto_Run（FB1）的参数。

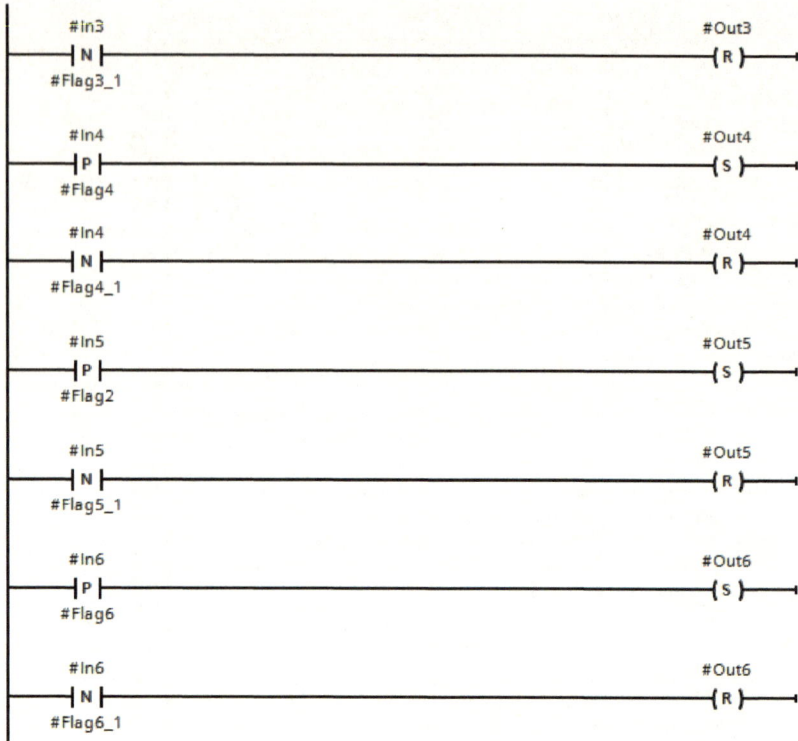

	名称	数据类型	默认值	保持	从 HMI/OPC..	从 H..
1	▶ Input					
2	▶ Output					
3	▶ InOut					
4	▼ Static					
5	▶ T0	TON_TIME		非保持	☑	☑
6	Flag1	Bool	false	非保持	☑	☑
7	Flag2	Bool	false	非保持	☑	☑
8	▼ Temp					

图 9-17　Auto_Run（FB1）程序的参数

Auto_Run（FB1）程序的如图 9-18 所示，以下介绍 Auto_Run
（FB1）程序。

程序段 1：当从自动切换到手动状态时，将所有的电磁阀的线圈复位。
手动状态没有复位。

程序段 2：自动状态才有复位。复位是就是将下压和翻边气缸缩回，将顶出气缸顶出，再把 MB100=1。

程序段 3：急停、初始状态和当光幕起作用时，所有的输出为 0，并令 MB100=0。

程序段 4：是自动模式控制逻辑的核心。MB100 是步号，这个逻辑过程一共有 7 步，每一步完成一个动作。例如 MB100=1 是第 1 步，主要完成复位灯的指示；MB100=2 是第 2 步，主要完成顶出气缸的缩回。这种编程方法逻辑非常简洁，在工程中非常常用，读者应该学会。

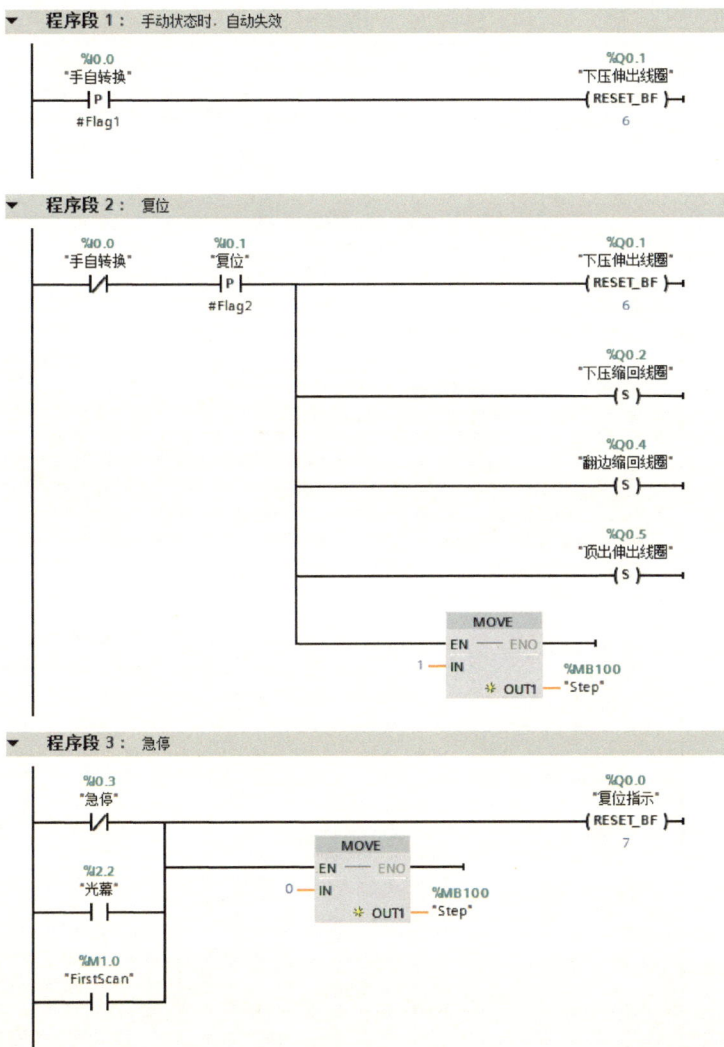

图 9-18

程序段 4： 自动运行

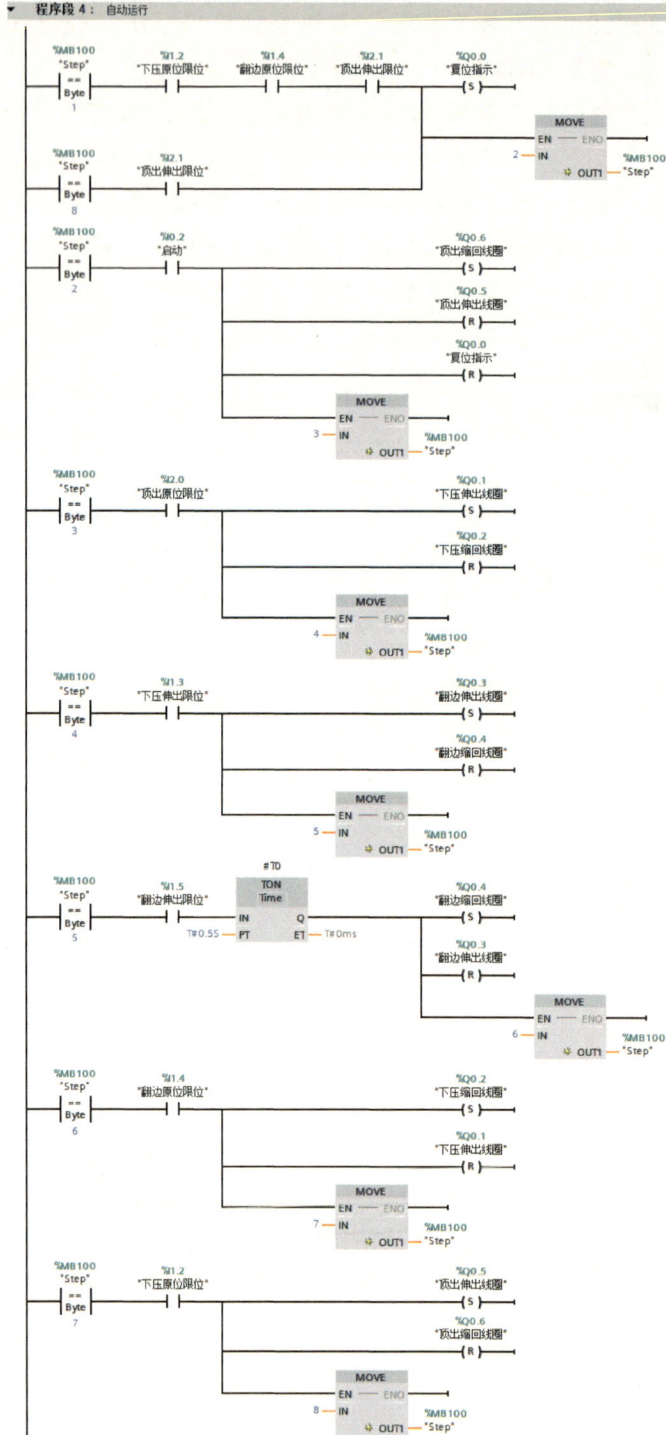

图 9-18　Auto_Run（FB1）程序

任务小结

① 本任务用"MB100"作逻辑步，每一步用一个步号（MB100=1 ~ 7），相比于前面两种逻辑控制程序编写方法，可修改性更强，更便于阅读。

② 本任务的手动程序使用 FB，其上升沿和下降沿的第二操作数使用的是静态参数（如 Flag1），好处是不占用 M 寄存器，更加便利。

第 63 讲

自动分拣系统的电气控制的设计

例 9-2　有一套物料分拣系统，如图 9-19 所示，它主要由伺服系统驱动的电缸和 4 条生产线组成。物料先放置在第一条生产线上，SQ4 传感器检测有无物料，位移传感器检测物料高度，如果高度小于 5mm，在伺服驱动系统的带动下，把物料分拣到第 2 条生产线上，高度小于 10mm，大于 5mm，送到第 3 条生产线上，高度大于 10mm 则输送到第 4 条生产线上。自动化分拣系统的控制要求如下：

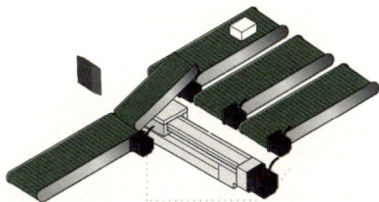

图 9-19　分拣系统外形图

① 生产线的间距为 100mm，滚珠丝杠的螺距为 10mm，已设置伺服驱动系统参数，1000 脉冲对应电动机转一圈。

② 系统有起动、停止和复位控制，压下起动按钮，往复自动工作循环，压下停止按钮，立即停止。当压下停止按钮，后需要压下复位按钮，系统复位，运行到原点，才能重新开始运行。

③ 4 条生产线由 1 台变频器控制，当 20s 无物料流过，生产线暂停。

④ 系统要求设计手动功能。

⑤ 变频器报警时，PLC 接收到信号后反馈给 HMI，并使报警灯闪亮。

解：

设计原理图

设计电气原理图如图 9-20 所示。在这个图中 Q0.0 是高速脉冲输出，Q0.1 方向信号，需要与 CPU1214C 模块脉冲发生器的硬件输出组态匹配。

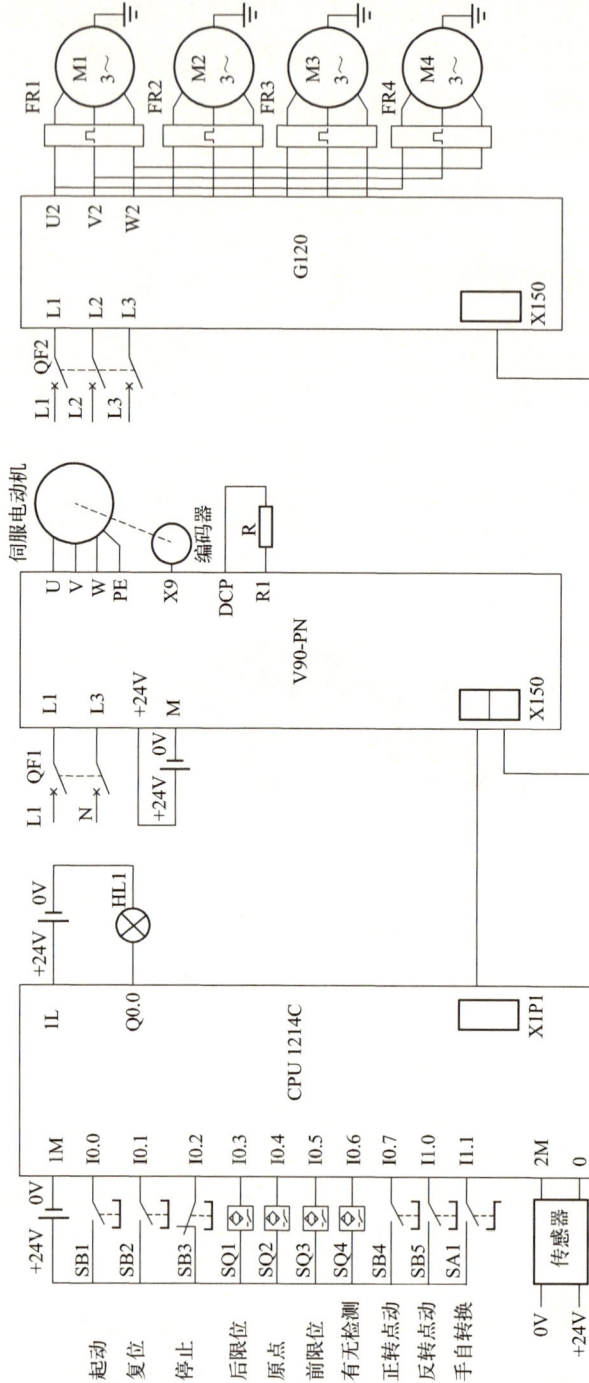

图 9-20　原理图

硬件和工艺组态

① **新建项目，添加CPU**　打开TIA Portal软件，新建项目"分拣机-测高度"，单击项目树中的"添加新设备"选项，添加"CPU1214C"，启用"启用系统存储器字节"和"启用时钟存储器字节"，如图9-21所示。

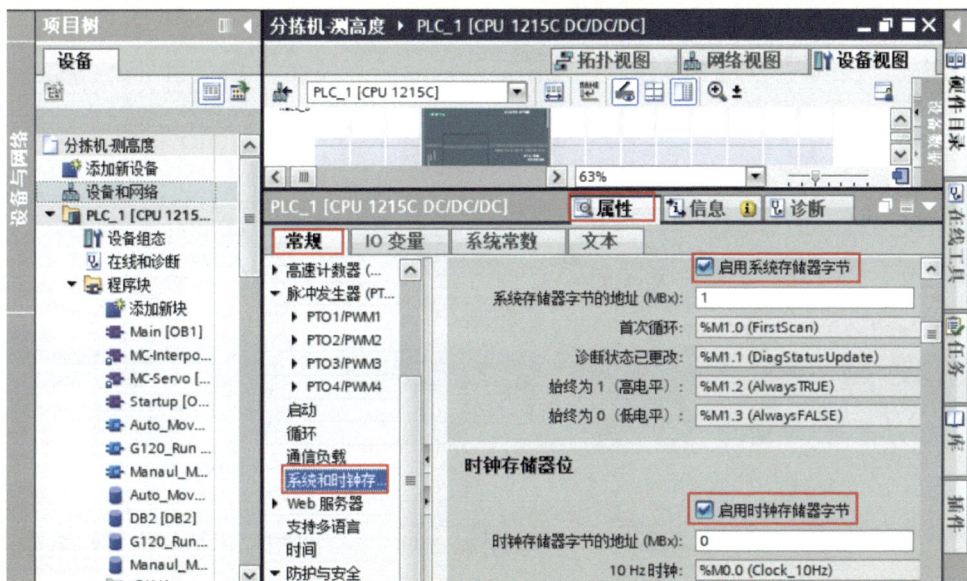

图9-21　新建项目，添加CPU

② **网络组态**　在网络视图中，进行网络组态，分别将G120和V90拖拽到视图，然后进行网络连接，如图9-22所示。

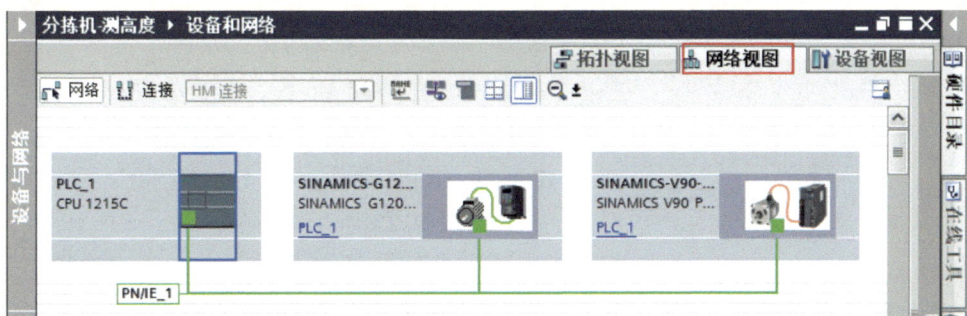

图9-22　网络组态（1）

选中SINAMICS G120并双击打开其设备视图，配置报文20，如图9-23

所示，图中的地址在编程会用到。选中 SINAMICS V90 并双击打开其设备
视图，配置报文 3，如图 9-24 所示。

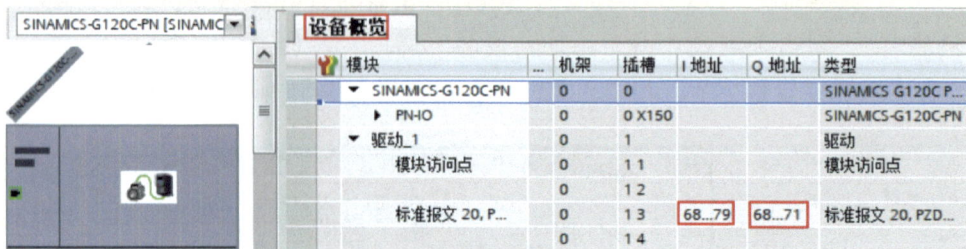

图 9-23　网络组态（2）

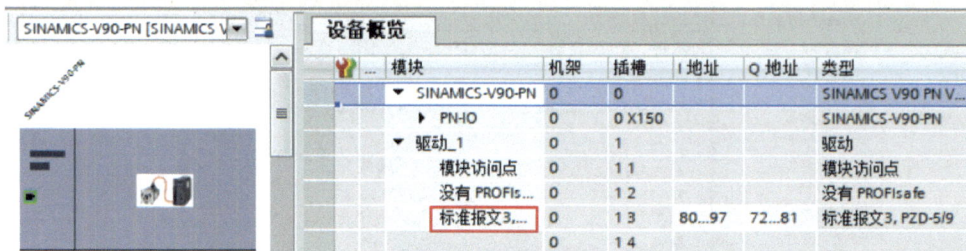

图 9-24　网络组态（3）

③ 工艺对象"轴"配置　参数配置主要定义了轴的工程单位（如脉冲
数 / 分钟、转 / 分钟）、软硬件限位、启动 / 停止速度和参考点的定义等。工
艺参数的组态步骤如下：

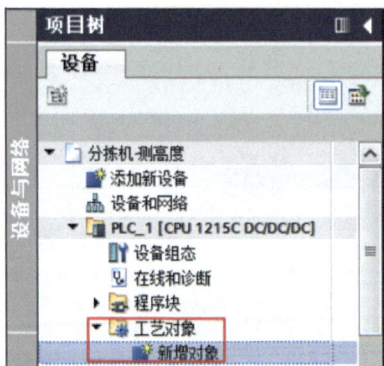

图 9-25　插入新对象

a. 插入新对象。在 TIA Portal 软
件项目视图的项目树中，选择"分拣
机 - 测高度"→"PLC_1"→"工艺对
象"→"插入新对象"，双击"插入新对
象"，如图 9-25 所示，弹出如图 9-26 所
示的界面，选择"运动控制"→"TO_
PositioningAxis"，单击"确定"按钮，
弹出如图 9-27 所示的界面。

b. 配置常规参数。在"功能图"选项
卡中，选择"基本参数"→"常规"，"驱动器"项目中有三个选项：PTO
（表示运动控制由脉冲控制）、模拟量驱动接口（表示运动控制由模拟量控制）
和 PROFIdrive（表示运动控制由通信控制），本例选择"PROFIdrive"选项，
测量单位可根据实际情况选择，本例选用默认设置，如图 9-27 所示。

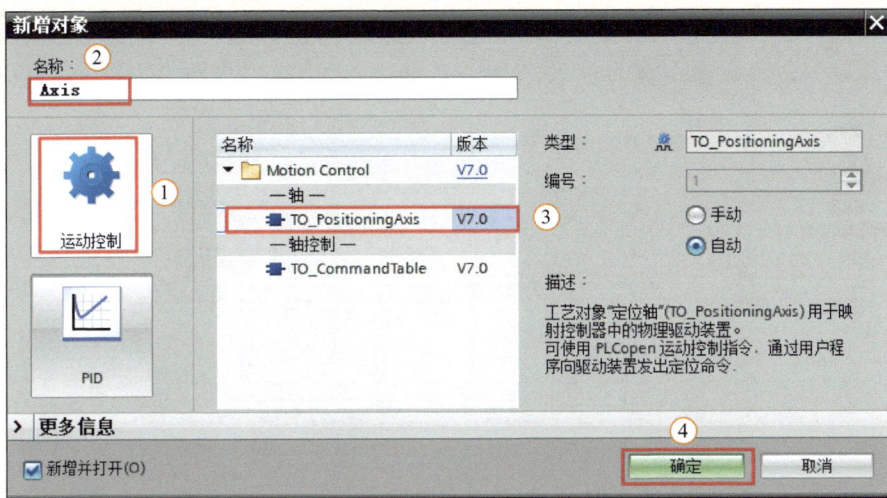

图 9-26　定义工艺对象数据块

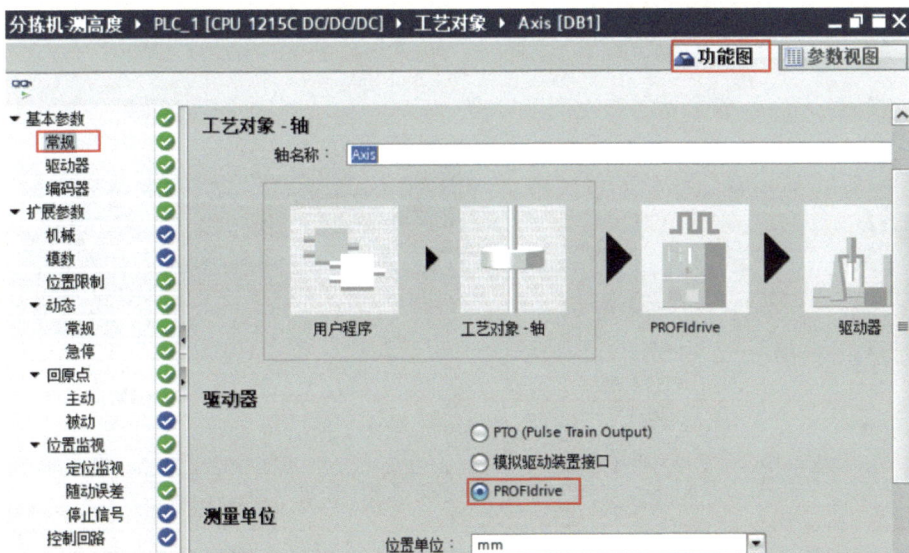

图 9-27　组态常规参数

　　c．组态驱动器参数。在"功能图"选项卡中，选择"基本参数"→"驱动器"，选择脉冲发生器为"SINAMICS V90-PN"，如图 9-28 所示。

　　d．组态机械参数。在"功能图"选项卡中，选择"扩展参数"→"机械"，设置"电机每转的脉冲数"为"1000"，此参数取决于步进驱动器。"电机每转移动位移"取决于机械结构，如步进电动机与丝杠直接相连接，则此参数就是丝杠的螺距，本例为"10"，如图 9-29 所示。

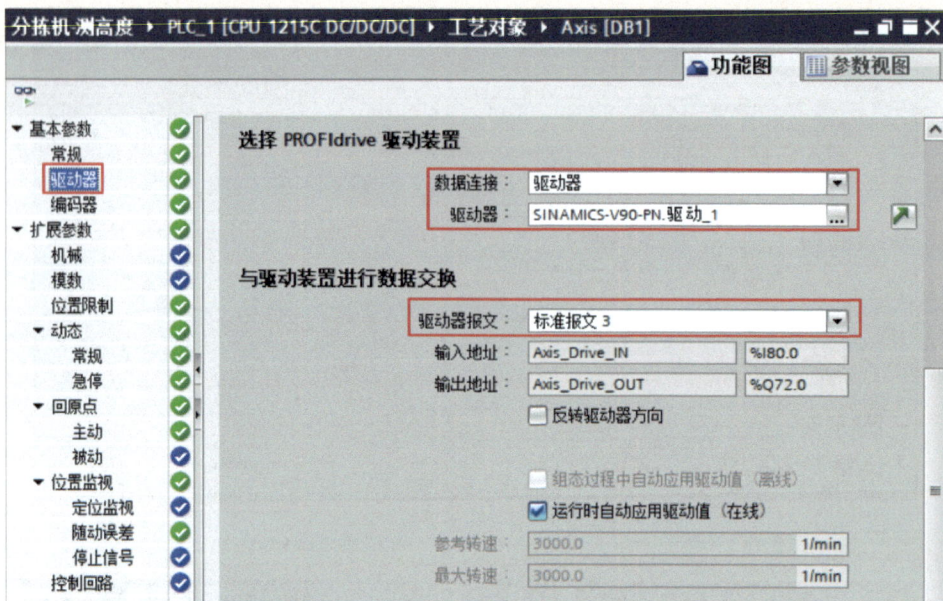

图 9-28　组态驱动器参数

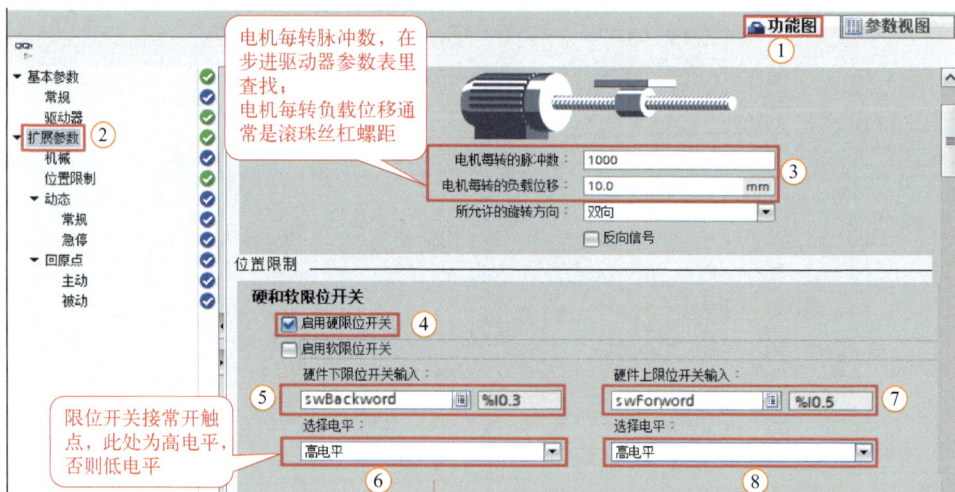

图 9-29　组态扩展参数

e. 配置位置限制参数。在"功能图"选项卡中，选择"扩展参数"→"位置限制"，勾选"启用硬件限位开关"，如图 9-30 所示。在"硬件下限位开关输入"中选择"I0.3"，在"硬件上限位开关输入"中选择"I0.5"，选择电平为"高电平"，这些设置必须与原理图匹配。由于本例的限位开关在原理图中接入的是常开触点，因此当限位开关起作用时为"高电平"，所以此处选择"高电平"，如果输入端是常闭触点，那么此处应选择"低电平"，这一点请读者特别注意。

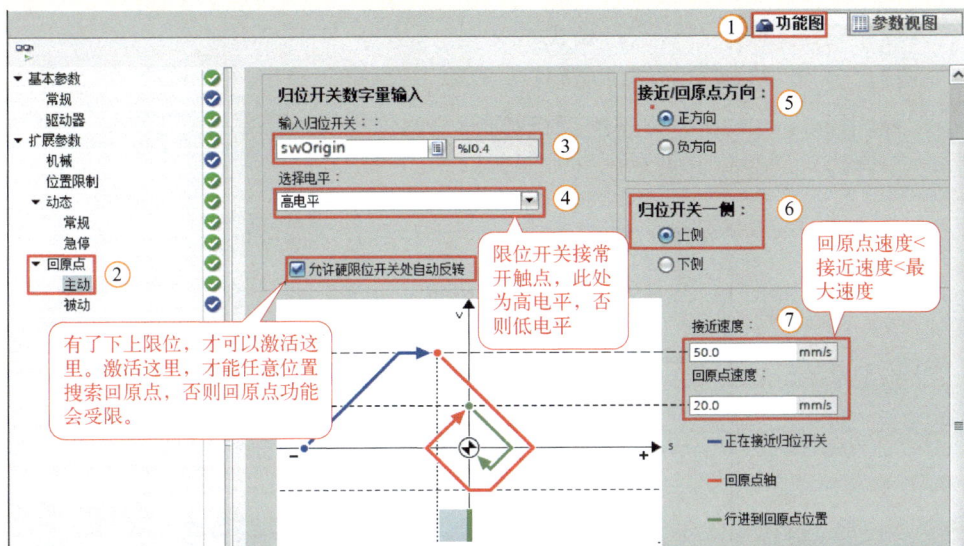

图 9-30　组态回原点

f. 配置回原点参数。在图 9-30 的"功能图"选项卡中，选择"扩展参数"→"回原点"→"主动"，根据原理图选择"输入原点开关"是 I0.4。由于原点开关是常开触点，所以"选择电平"选项是"高电平"。

编写程序

创建数据块 DB2，如图 9-31 所示。运动控制程序中需要用到的重要变量都在此数据块中。

图 9-31　数据块 DB2

主程序 OB1 如图 9-32 所示，程序的解读如下：

程序段 1：使能伺服轴。

程序段 2：程序自动运行模式。

程序段 3：程序手动运行模式。

程序段 4：G120 变频器的运行控制。

程序段 5：当变频器有故障时报警。

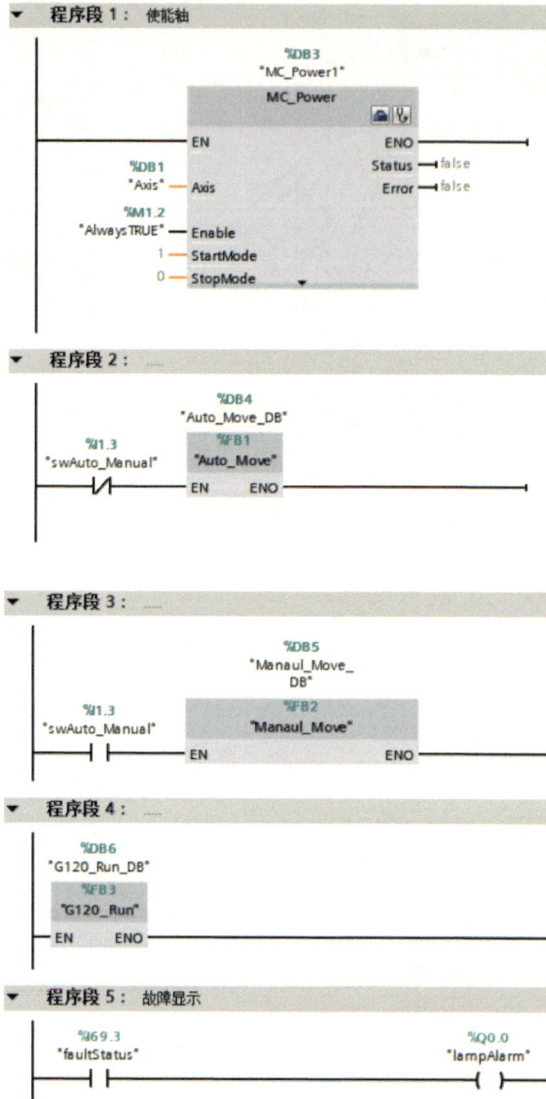

图 9-32　主程序 OB1

自动运行程序 Auto_Move，如图 9-33 所示，程序解读如下：

程序段 1 ~ 5：当压下复位按钮（地址 I0.1），首先故障复位。复位成功后，开始对伺服驱动系统回参考点。当回参考点完成后，将回参考点的命令 DB.Home_Start 复位，并将回参考点完成的标志 DB.Home_OK 置位，作为后续自动模式程序运行的必要条件。

程序段 6：回原点成功后，压下起动按钮（地址 I0.0），起动运行标志，超过 20s，无物料通过变频器停机。

程序段 7：当有物料通过，先测量物料的高度。然后根据不同的高度，置位一条生产线的标志位。

程序段 8：根据不同的标志位，赋值对应的位移，起动伺服运行。

程序段 9：停止系统运行。

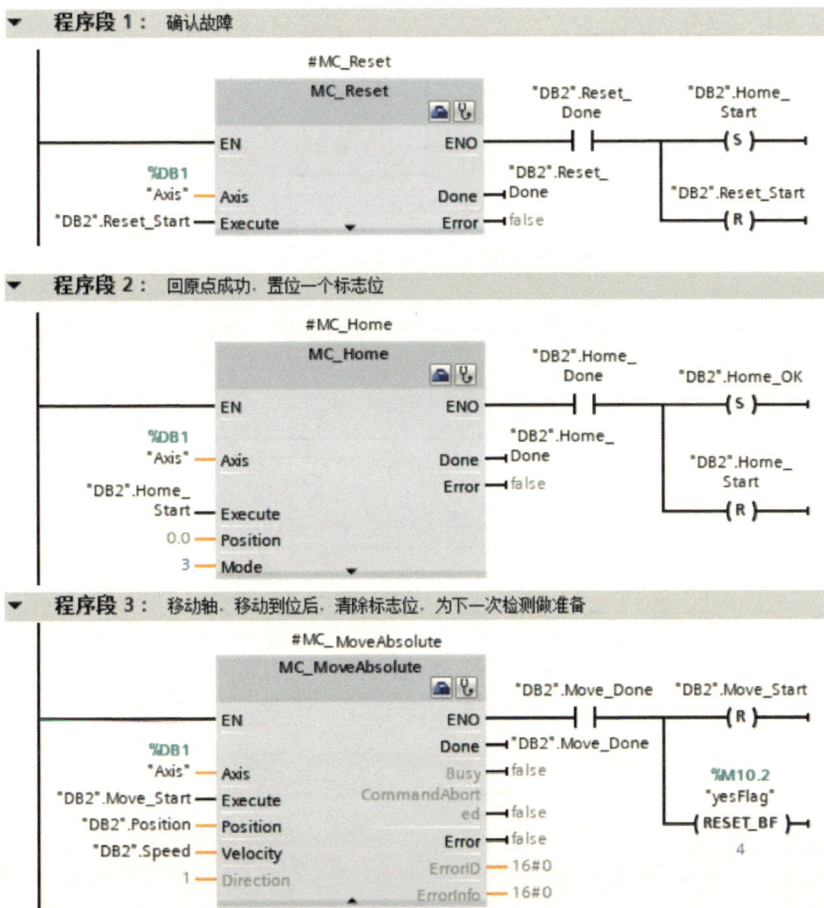

图 9-33

▼ **程序段 4：** 停止轴运行（原理图中停止按钮接常闭触点）

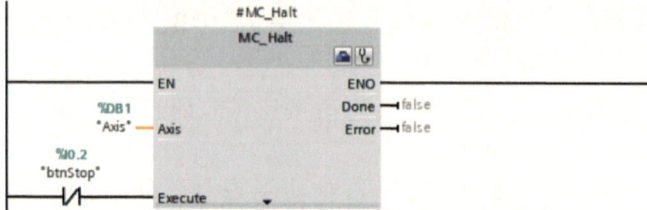

▼ **程序段 5：** 开始故障确认，再回原点

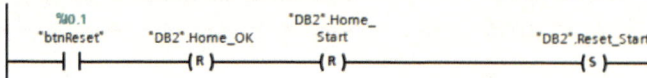

▼ **程序段 6：** 回原点成功后，可以开始检测（原理图中停止按钮接常闭触点），20s 内没有物料通过，变频器停机

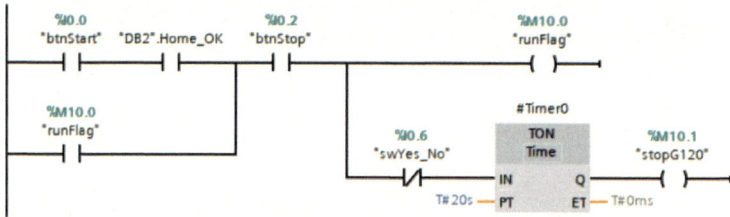

▼ **程序段 7：** 运行检测过程：先确定有无物料，然后检测高度

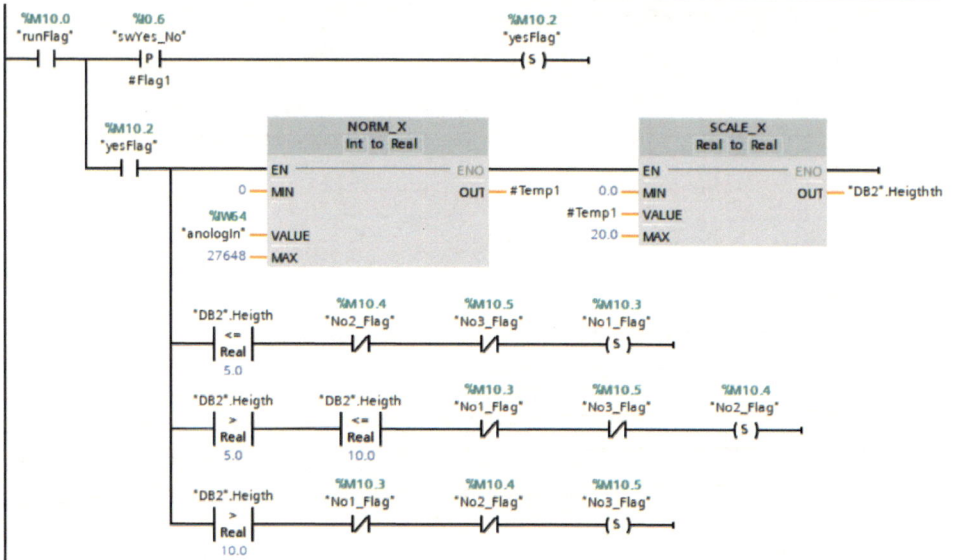

程序段 8：　根据标志位，确定伺服系统移动的位移，并启动伺服运行

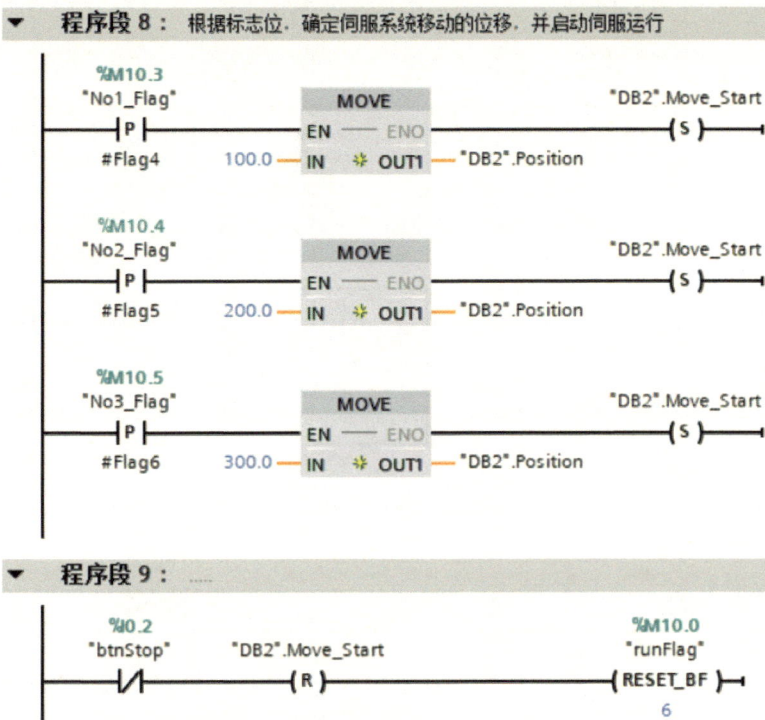

图 9-33　自动运行程序 Auto_Move（FB1）

手动运行程序 Manual_Run（FB2）如图 9-34 所示。

变频器的运行程序 G120_Run（FB3）如图 9-35 所示。

程序段 1：

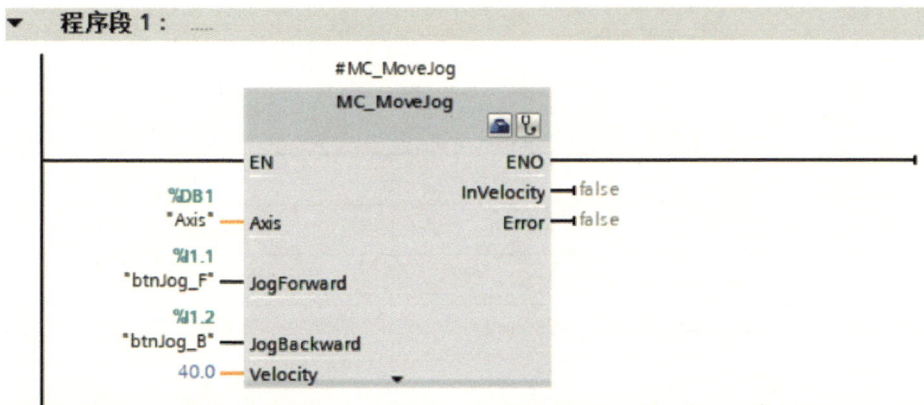

图 9-34　自动运行程序 Auto_Move（FB2）

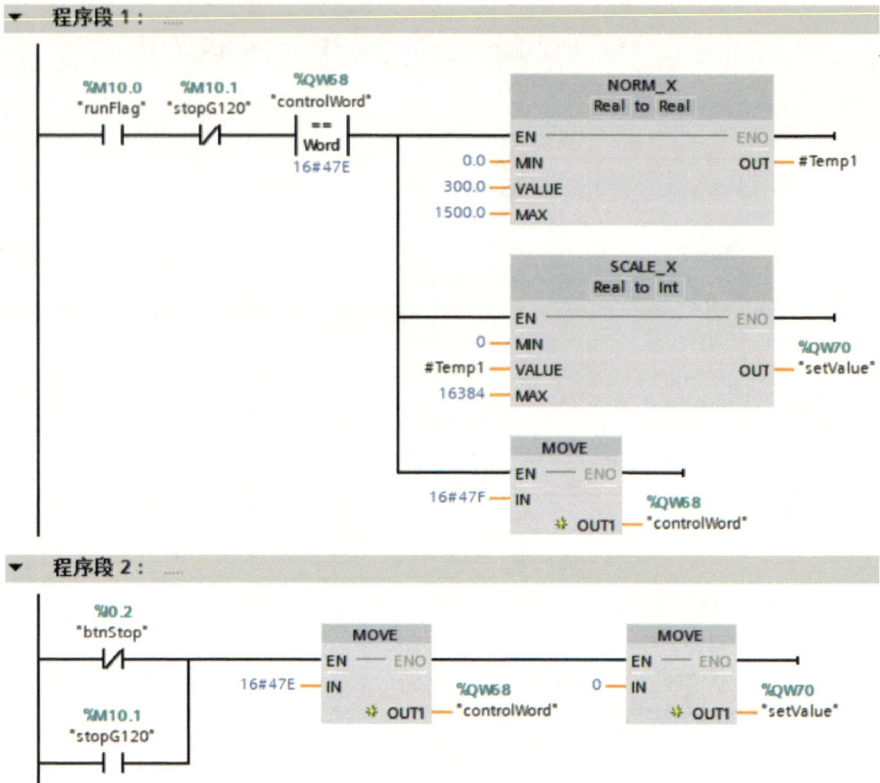

图 9-35　变频器的运行程序 G120_Run（FB3）

设置变频器和伺服系统的参数

设置 SINAMICS V90 的参数见表 7-6，设置 SINAMICS G120 的参数见表 9-2。

表 9-2　SINAMICS G120 的参数

序号	参数	参数值	说明
1	p0922	20	标准报文 20
2	p0015	7	PROFINET 通信
3	p8921（0）	192	IP 地址 192.168.0.3
	p8921（1）	168	
	p8921（2）	0	
	p8921（3）	3	

序号	参数	参数值	说明
4	p8923（0）	255	子网掩码：255.255.255.0
	p8923（1）	255	
	p8923（2）	255	
	p8923（3）	0	

第64讲

剪板机系统的电气控制的设计

例9-3 剪切机由伺服系统、输送机、夹紧机、钻机和切刀组成如图9-36所示，初始位置时，输送机在左侧，其压头在上极限位置，夹紧机的压头在上极限位置，钻机和切刀也在上极限位置。自动运行的工艺过程是：输送机的压头下压，带动板材输送200mm，停止→夹紧机下压，到位后→钻机和切刀下行，1秒后→钻机和切刀上行到位→夹紧机和输送机的夹头松开，0.5s后→输送机回原位，完成一个工作循环。伺服驱动系统要有手动调节功能，要求设计原理图并编写程序。

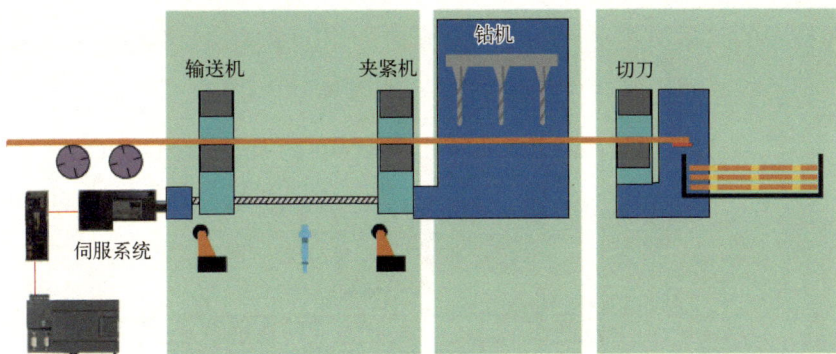

图9-36 剪切机示意图

解：

🖼 设计原理图

设计电气原理图如图9-37所示。

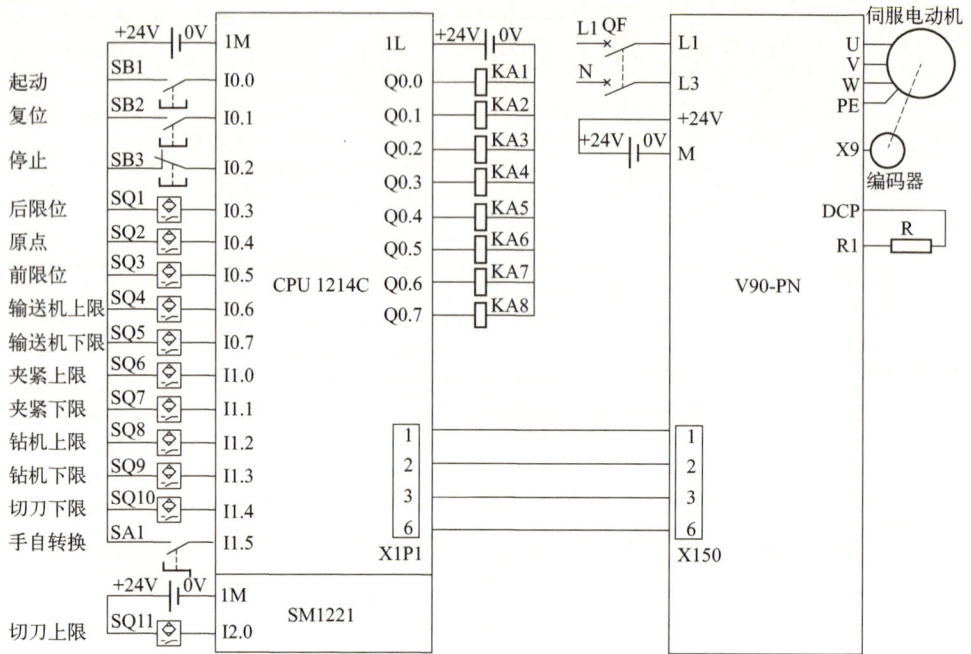

图 9-37 原理图

硬件和工艺组态

新建项目，添加 CPU。打开 TIA Portal 软件，新建项目"剪板机"，单击项目树中的"添加新设备"选项，添加"CPU1214C"，启用"启用系统存储器字节"和"启用时钟存储器字节"，如图 9-38 所示。

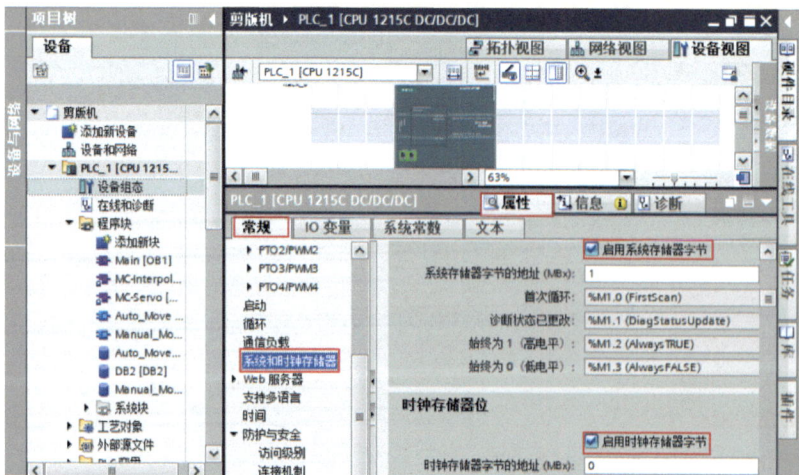

图 9-38 新建项目，添加 CPU

工艺组态可以参考 9.2。

编写程序

创建数据块 DB2，如图 9-39 所示。运动控制程序中需要用到的重要的变量都在此数据块中。

DB2			
	名称	数据类型	起始值
▼	Static		
■	Move_Start	Bool	false
■	Move_Done	Bool	false
■	Move_OK	Bool	false
■	Position	Real	200.0
■	Speed	Real	50.0
■	Reset_OK	Bool	false
■	Reset_Done	Bool	false
■	Reset_Start	Bool	false
■	Reset_Flag	Bool	false
■	Home_OK	Bool	false
■	Home_Done	Bool	false
■	Home_Start	Bool	false
■	Jog_F	Bool	false
■	Jog_B	Bool	false

图 9-39　数据块 DB2

主程序 OB1 如图 9-40 所示。

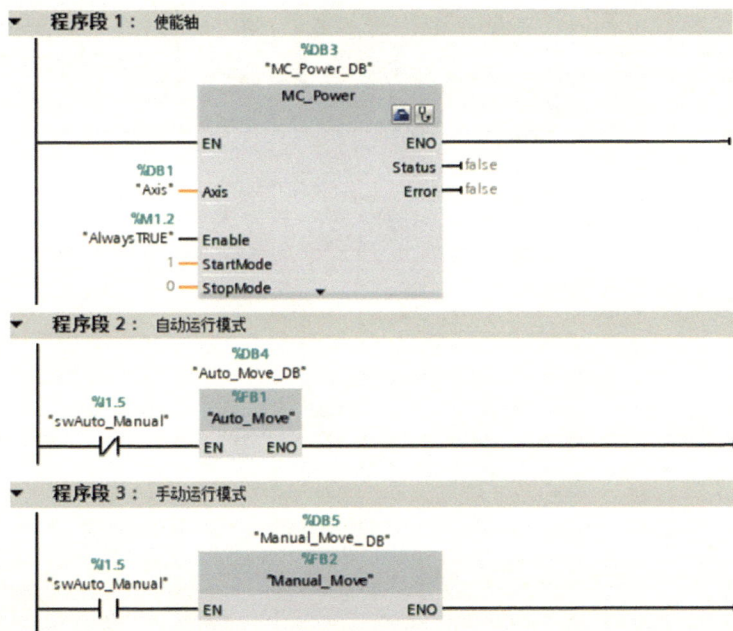

图 9-40　主程序 OB1

Auto_Move（FB2）中的程序如图 9-41 所示。

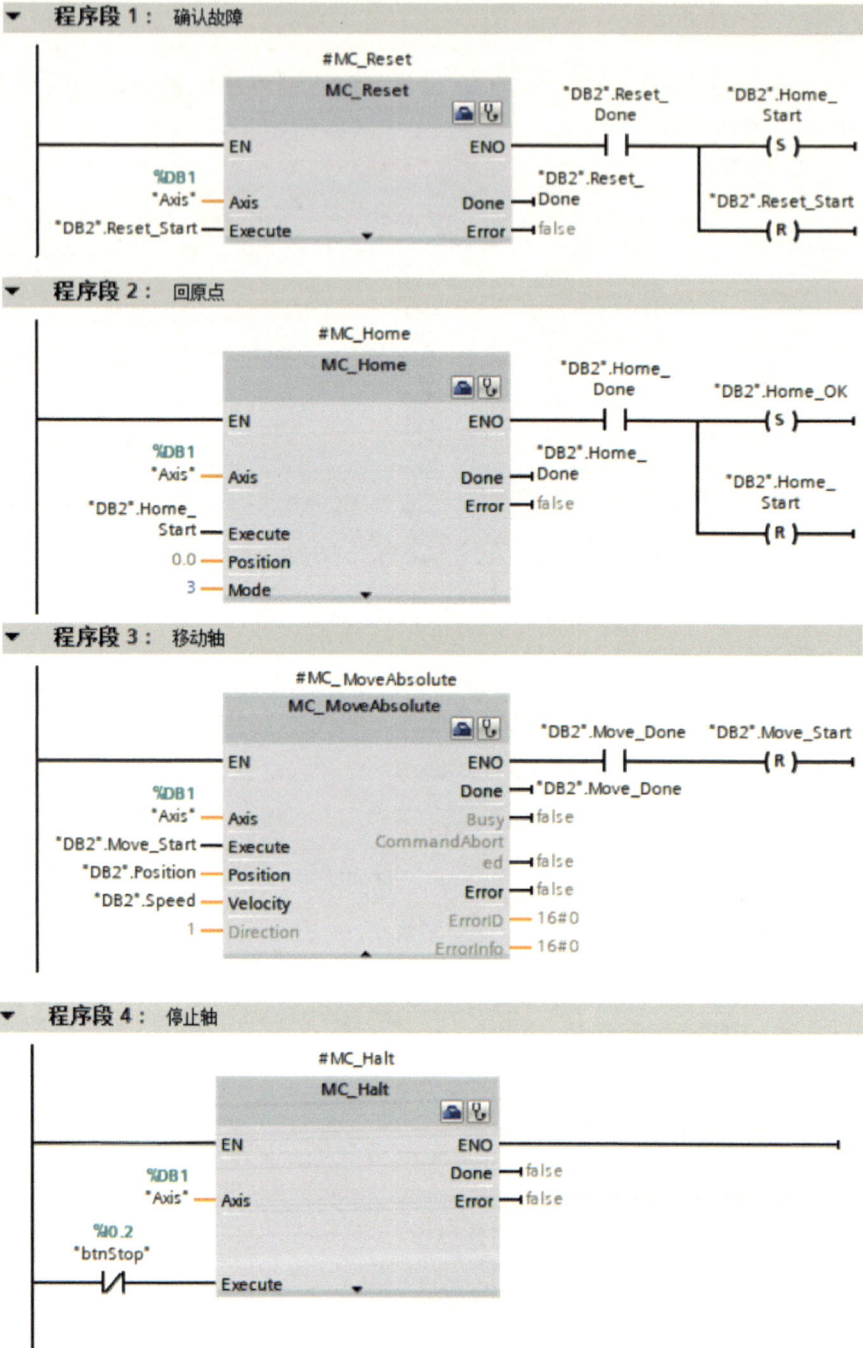

程序段 1：确认故障

程序段 2：回原点

程序段 3：移动轴

程序段 4：停止轴

程序段 5： 清除回原点，置位复位标志。2.输送机、夹具、钻机和切刀回原位

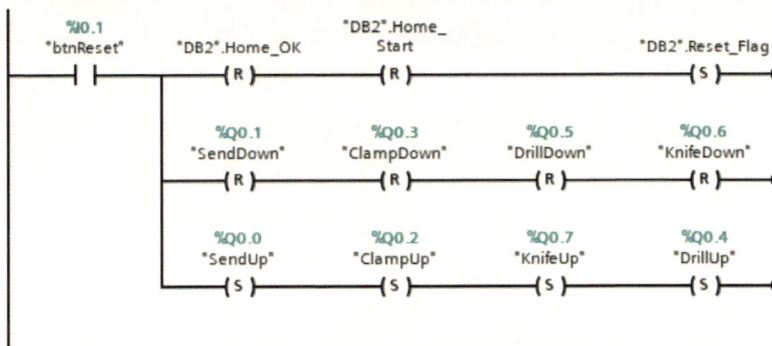

```
  %I0.1
"btnReset"    "DB2".Home_OK      "DB2".Home_Start                "DB2".Reset_Flag
  ──┤├──────────┬──────(R)──────────────(R)──────────────────────────(S)

                │    %Q0.1          %Q0.3          %Q0.5          %Q0.6
                │  "SendDown"     "ClampDown"     "DrillDown"    "KnifeDown"
                ├────(R)────────────(R)────────────(R)────────────(R)

                │    %Q0.0          %Q0.2          %Q0.7          %Q0.4
                │   "SendUp"       "ClampUp"       "KnifeUp"      "DrillUp"
                └────(S)────────────(S)────────────(S)────────────(S)
```

程序段 6： 当 输送机、夹具、钻机和切刀回原位后，再故障确认，接着.回原点

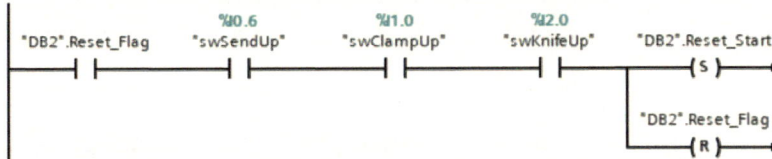

```
                   %I0.6          %I1.0          %I2.0
"DB2".Reset_Flag "swSendUp"    "swClampUp"    "swKnifeUp"      "DB2".Reset_Start
  ──┤├──────────────┤├────────────┤├────────────┤├───────────────(S)

                                                              "DB2".Reset_Flag
                                                                   ──(R)
```

程序段 7： 回原点后，可以开始工作

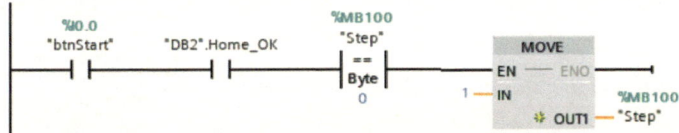

```
  %I0.0                          %MB100
"btnStart"    "DB2".Home_OK      "Step"              MOVE
  ──┤├──────────┤├──────────────── == ───────────EN ─── ENO
                                   Byte          1 ─ IN            %MB100
                                    0                  ⚡ OUT1 ─ "Step"
```

程序段 8： 输送机夹紧

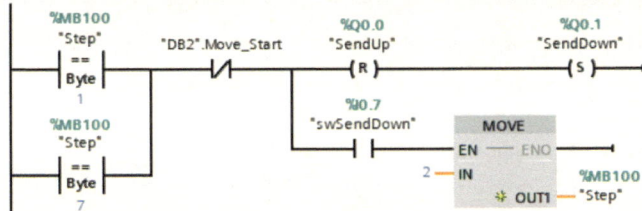

```
  %MB100
  "Step"                         %Q0.0          %Q0.1
   ==       "DB2".Move_Start    "SendUp"      "SendDown"
   Byte ──────────┤/├────────────(R)────────────(S)
    1    │
  %MB100 │                       %I0.7
  "Step" │                    "swSendDown"          MOVE
   ==    │                       ──┤├──────────EN ─── ENO
   Byte  │                                    2 ─ IN          %MB100
    7 ───┘                                        ⚡ OUT1 ─ "Step"
```

程序段 9： 输送机送料

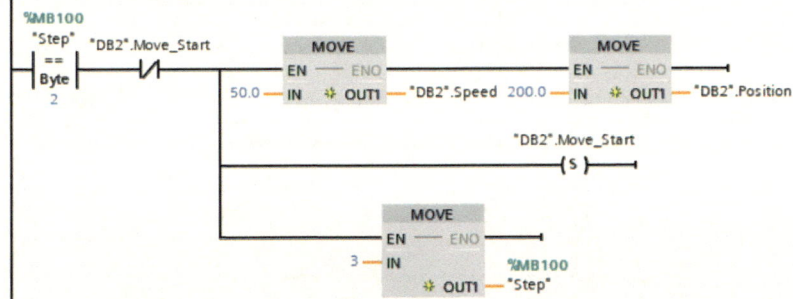

```
  %MB100
  "Step"
   ==    "DB2".Move_Start       MOVE                         MOVE
   Byte ──────┤/├──────────EN ─── ENO                  EN ─── ENO
    2                 50.0 ─ IN  ⚡ OUT1 ─"DB2".Speed  200.0 ─ IN ⚡ OUT1 ─"DB2".Position

                                                         "DB2".Move_Start
                                                              ──(S)

                                         MOVE
                                  EN ─── ENO
                                3 ─ IN          %MB100
                                    ⚡ OUT1 ─ "Step"
```

图 9-41

程序段 10： 输送机送料到位后，夹具夹紧板材

程序段 11： 钻机下行钻孔。切刀下切。延时1s后，钻机上行，切刀上行

程序段 12： 夹具松开，输送机夹紧松开

程序段 13： 输送机返回原始位置，跳转到下一个循环

▼ 程序段 14：

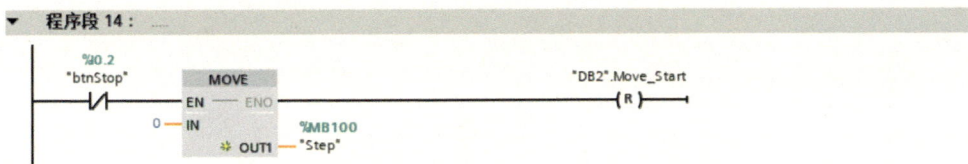

图 9-41 Auto_Move（FB2）中的程序

手动运行程序 Manual_Run（FB2）如图 9-42 所示。

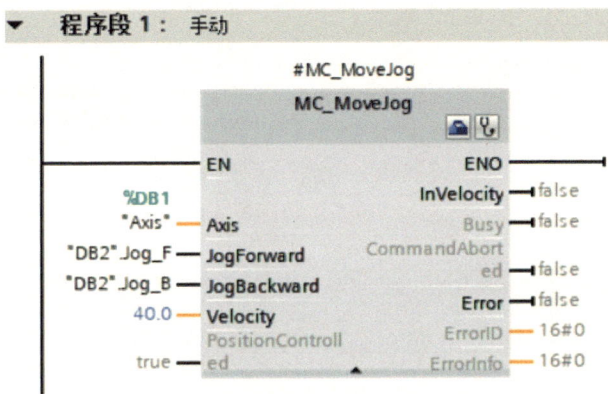

图 9-42 FB2 中的梯形图程序

设置伺服系统的参数

设置 SINAMICS V90 的参数见表 7-6。